100%保養級！
娜娜媽 乳香皂

暢銷
增訂版

U0079333

推 薦 序 1

用母乳做手工皂，是媽媽與寶寶健康的幸福。

自從2000年生下長女桐桐，我便開始了我的「母乳生涯」。後來，因為在網路上認識了一群母乳媽媽，更一起胼手胝足的創立了「台灣母乳協會」，開始了推廣母乳的漫漫長路。母乳的好處真的很多，數不盡也說不完，我自己兩胎哺乳的時間總共超過六年，在這之間，也一直長期擔任母乳志工，在醫院主持支持聚會，盡量付出一己之力。

很多媽媽都煩惱母乳不夠，其實不知道，決定母乳多寡的，是寶寶，不是媽媽。寶寶吸吮次數越多，母乳就越多，因此，初期的頻繁、一天超過8～12次以上的哺餵，真的很重要。不過，當然也有少數媽媽剛好相反，過度的擠奶造成母乳分泌太多，也是一種困擾。

剛開始，我看到網路上有網友教一些媽媽把多餘的母乳拿來做母乳皂，覺得很新鮮，不過當時我的工作比較忙，並沒有時間去親自嘗試。去年我在創設「媽媽PLAY」親子聚會所之後，舉辦親職講座，別人介紹我找娜娜媽來開設「母乳手工皂」課程，很受歡迎，於是我也跟著其他學員一起學著做。

沒想到，做手工皂並不很困難，而且，做出來的母乳皂非常好用：洗澡、洗臉，都溫和而滋潤。**我冬季很容易皮膚搔癢，洗母乳皂時，卻感覺十分舒適。**這時，我才後悔，當年餵哺老二期間，因為他不喝擠出來的母奶，害我堆積了一冰箱的母奶，最後過期了，只好一袋一袋丟掉，實在是太可惜了！早知道就交給娜娜媽代製母乳皂，應該足夠可以用好幾個冬季咧！

能用母乳餵哺寶寶，是媽媽、寶寶的幸福；利用多餘的母乳製作手工皂，則是實用又有巧思。《100%保養級！娜娜媽乳香皂》，淺顯易懂，說明詳細，是一本很棒的工具書，希望大家都能享受餵哺母乳、自己動手做母乳皂的美好經驗！

資深媒體人 / 台灣母乳協會發起人
陳安儀

推薦序 2

跟娜娜媽學做手工母乳皂的機緣，就跟她人數眾多的學生原因一樣：有過多的母乳冰。網路上可以找到很多手工皂教學的機構或個人，但是**娜娜媽最吸引我的，是她的手工皂看起來美極了！**

娜娜媽的手工皂教學淺顯易懂，讓人很快上手，跟著她沉淪「皂海」。雖然現在我也會作皂了，可是每每看到娜娜媽的皂，還是自嘆弗如，不只好用、好洗，就連皂本身的顏色、造型、包裝、照片，全都顯出製皂人的用心，讓每一塊母乳皂都蘊含溫暖與滿滿的愛，而這正是娜娜媽的手工皂最吸引人的地方！

Ecco

收到娜娜媽的手工皂時，根本捨不得打開使用，一般香皂如果要有這麼亮的顏色，想必加了很多色素，但**娜娜媽的皂都是純天然的**，包裝上說是用了紅蘿蔔製作，所以顏色如此亮麗。**洗後身體好滑嫩、不乾燥，也不會有沖不乾淨的感覺，且有天然的香味**，而不是刺鼻的香精味，真的很謝謝娜娜媽讓我認識這麼好用的手工皂！

青蘋果醬醬醬

跟老師學做皂之前，我一直以為融鹼很可怕，做皂很麻煩，所以工具擺了很久，遲遲不敢動工。直到上課之後，老師親切的指導，還有輕鬆的態度，讓我覺得做肥皂好好玩。學會了輕鬆快樂的做皂方式之後，回到家便照著老師的配方，依樣畫葫蘆來做自己的手工皂，看著一塊塊成品，非常有成就感，玩手工皂實在很有樂趣呢！

老師給我們的母乳皂真的非常好洗，**最近每天都用它洗全身（包括臉），用完之後感覺皮膚變好，而且很舒服，有時洗完澡也不會想要抹乳液了。**後來，我逢人便興奮的說自己使用母乳皂的經驗，大家也都躍躍欲試喔！

Judysmile

作者 序

拒絕化學藥劑殘留，要當健康快樂的生活家

約11年前，第二胎的寶貝女兒Ena出生了。因為她不喝冷凍母乳（退冰的母乳有一點腥味），只願意喝當天現擠的，導致我有一堆「庫存」沒地方用。在不浪費的前提下，試著拿來泡澡，卻發現母乳的油脂會卡在浴缸邊緣，每次洗完澡之後，浴缸都會留下一層油。

某天，在網路上看到有人提出母乳皂的概念，我想，應該很多媽媽都跟我一樣，有這方面的困擾，畢竟母乳放3個月就不能喝了。於是，我去上了一堂手工皂的課之後，便開始嘗試製作母乳皂，並且四處尋找母乳皂的相關資料，可惜當時資料不多，只能靠自己從失敗中得取經驗。

▲ Ena是我的小女兒，為了她，我開始做手工母乳皂。

起初實在是相當耗費成本，為了找出適合自己洗感的配方，我不斷地嘗試、研發，不知道倒掉了多少鍋的材料，比方說，可能會因為氫氧化鈉多量了，做出來的皂一切就碎；或是氫氧化鈉量不足，而使皂化不完全；甚至是做出來的皂體顏色跟預想的不一樣……有很多的原因，都可能導致製皂失敗，但是我並沒有因此放棄嘗試，反而越來越喜歡尋找新的素材，讓母乳皂有更多的可能性。

手工母乳皂，
改變了全家人的肌膚健康

就這樣，努力實驗了半年之後，我們全家都開始改用手工母乳皂，並且獲益良多。以我個人來說，原本就有冬季搔癢的情

況，生了第二胎之後，體質改變，皮膚出現溼疹的毛病，但是使用母乳皂之後，這樣的問題就不見了！另外，像**我女兒有輕微的異位性皮膚炎，容易脫皮、發癢，還有夏天容易長疹子，自從改用母乳皂，這些症狀都獲得改善**，但是只要我們換回一般的肥皂，問題又會浮現。

因為自己使用的效果不錯，我們也分送給家人和朋友，大家都對於母乳皂的滋潤度讚不絕口，尤其是我堂姐有蕁麻疹，指甲容易斷裂，也因為使用母乳皂而改善。口耳相傳的結果，堂姐的同事因為了解到母乳皂在她身上的改變，便透過她請我代製皂，然而這樣的發展讓我有了經營網路拍賣的念頭。

▲ 使用天然素材，是手工皂最令人安心的主因。

後來我開始經營網拍，並架設部落格來推廣母乳皂，才發現真的有好多媽媽都有母乳過剩的困擾，她們除了請我代製母乳皂之外，也希望能夠親手做做看。於是，我開始跟一些協會或是店家配合，不定期舉辦相關課程，教大家製作手工乳皂。

或許是因為環境汙染嚴重，再加上部分用品易有化學藥劑殘留，現在好多小朋友都有異位性皮膚炎的問題，所以來上課的媽媽大多是為了小朋友，希望能夠藉由手工母乳皂來改善他們皮膚的症狀。這讓我感到非常開心，一方面很高興能夠將母乳皂推廣出去；一方面更是因為能夠對大家有所幫助。每每聽到學員們因為使用母乳皂而獲得改善時，心中總是充滿感激，因為至少母乳皂幫他們解決了多年來令人困擾的皮膚問題。

這是一本真正能夠動手跟著做的工具書

做手工乳皂真的不難，最難的往往是配方，通常得不斷的嘗試，才能找到自己喜歡的配方。剛入門的朋友，其實不用太緊張，因為在這本書裡，**娜娜媽沒有使用太多複雜的油品，我希望給大家的是一本可以輕鬆上手、購買容易、方便操作的入門書**，買回家之後不是放在書櫃上，而是真正能夠動手跟著做的工具書。

之前沒有做過手工皂的朋友，在各單元的第一篇，我特別為大家準備了入門皂款，油品比較簡單，不需要準備太多的材料。如果缺少配方中的某些油品，也可改用橄欖油來代替，只是需要重新計算INS硬度、乳脂以及氫氧化鈉的份量。此外，**沒有母乳的人，可換成牛乳或羊乳**，**比例不變**，雖然營養成分沒有母乳高，但至少會比一般用水製造的手工皂還要滋潤。

▲ 看到大家能夠從手作中找到樂趣，肌膚問題獲得改善，是我最大的滿足。

快樂製皂，環保又健康

作皂讓我學會回歸自然和尊重環境，不但環保、無污染（24小時即可分解），而且只要利用身邊隨手可得的食材，就能做出各種類型的乳皂，很開心有機會再次出版《100％保養級！娜娜媽乳香皂》暢銷增訂版，和大家分享我多年來的製皂經驗。

其實，作皂真的很簡單，自己喜歡最重要，**只要配方適合你的膚質，就是一塊好皂**！我們沒有必要成為一個製皂專家，卻可以做一個快樂的生活家。從今天起，跟著娜娜媽一起作手工乳皂吧！不但能夠體驗手作的樂趣，在這充斥化學添加物的消費環境，更重要的是幫全家人的肌膚找回健康！

娜娜媽

Contents

Part 1

貼身乳皂親手作

天然無毒更安心

運用「油品」、「氫氧化鈉」、「水」，
輕鬆做出100%保養級乳香皂，
給肌膚最優質的呵護！

用錯「貼身皂」，皮膚會愈來愈差！

很多女生都知道要勤於保養，小心翼翼照顧自己的肌膚，卻忘了重視最基本的沐浴用皂。你知道你用的是哪一種肥皂嗎？對肌膚有沒有不良影響？**一般市售皂因為需大量生產，大多採用「熱製法」或是「融化再製法」**，皂化速度快，完成後可立即使用，缺點是高溫製造過程下，**油脂本身的養分會被破壞掉**，所添加的成分效用也會降低；而且為了延長使用期限，**可能會加入防腐劑、硬脂酸等化學藥劑，越洗皮膚狀況越差。**

肥皂是每天跟我們肌膚最貼近的保養品，用對的肥皂可以讓你感受到真正的滋潤與舒爽，然而，即使是市面上所標榜的手工皂，也並非全都是好物，唯有**自己親手做**，清楚了解當中所有的配方與製作過程，**才是真正令人100%安心的產品**，這也是為什麼娜娜媽多年來製皂一直樂此不疲的原因。

採用再製法做成的手工皂，外觀會比較不平整。

🐚 市售香皂的迷思，你了解多少？

▍保存期限長達3～5年

雖然保存期限會因為配方、保存方式以及環境的差異而有不同，但如果一塊肥皂標示可放置3～5年，通常都有添加抗菌劑或防腐劑。一般來說，手工乳皂因為不含防腐劑，保存期限約為10～12個月，如果配方中加入精油，可以再多保存3～6個月。

機器製 vs 手工製肥皂硬度

採用機器大量製造的肥皂，觸感都非常硬，而且大多不含甘油成分，洗後不會在肌膚留下保護層，所以容易感覺乾澀。反觀手工乳皂，雖然軟硬度會因配油而有所不同，但都比市售肥皂還要軟，因此硬度也是判斷肥皂是否為手工製造的方法之一。

手工皂的泡沫洗起來非常細緻。

強調PH值中性的配方

PH值中性其實並不會對我們產生太大的幫助，想要擁有好膚質，應該是從「洗乾淨」做起，所以重點在於你所使用的沐浴用品，是否能夠深層清潔，讓肌膚保持在健康狀態。而且因為肥皂本來是弱鹼性，若要將酸鹼值調整成中性，必須經過特殊處理或是添加物，才能有那樣的效果，相對地就不如手工乳皂來得天然、無毒。

含有酒精成分的透明皂基

有些手工皂為了做出透明的質地，讓皂體看起來更漂亮，會加入「透明皂基」，但是因為透明皂基中有添加酒精成分，這樣的手工皂洗後會讓皮膚變得比較乾燥，而沒有鎖水、保溼的功效。如何分辨肥皂是否含有透明皂基呢？其實很簡單，只要做點小實驗就可以分辨囉！因為透明皂基含有大量的酒，所以只需將肥皂削一小塊下來，放在湯匙上，用火燒燒看，**如果肥皂很快就融化掉，即表示它是皂基做成的肥皂。**

削一塊肥皂放在湯匙上，用火燒，即可測試出皂中是否有酒精成分。

▌標榜亮麗色澤與濃重香氣

本書的配方大多是利用天然的粉類添加物，讓皂液變化出不同的顏色，或是加入食用色素，提高顏色的飽和度，所以做出來的手工乳皂，顏色都是溫和且自然的。娜娜媽建議大家盡量不要購買顏色太過鮮豔、或是味道非常香的肥皂，因為代表它可能加入了過多的化學添加物，對皮膚無益。

45℃以下冷製皂，兼具「洗淨力」、「滋潤度」、「自然香氣」

在本書中，娜娜媽要教大家**全程使用「冷製法」製造的手工乳皂，因為操作溫度保持在35℃以下，可保留植物油脂中大部分的天然養分**，而且主要成分除了油脂、氫氧化鈉及乳脂之外，皆為天然的添加物或可食用色素，不但保有洗淨力，對皮膚溫和、不刺激，使用起來比一般市售香皂更加滋潤，也不用擔心化學物質殘留，感受到的僅是溫柔的觸感，以及淡雅自然的芳香喔！

基本上乳皂配方都是經過設計的，不論是嬰兒用或成人用，洗臉用或沐浴用，都是沒有問題的喔！不過，像洗髮皂以滋養髮絲為主，所以配方會特別選用對頭髮有益的油脂，比例上與一般沐浴用乳皂不太一樣。而家事皂（請參考P.127）因為是用來清潔碗盤、衣物，所採用的油脂會比較簡單（沐浴用皂所使用的油脂種類較多），通常會加入大量的椰子油，很適合當做手工皂的入門皂款。

我們生活在充滿化學與科技的環境當中，很多人都有粉刺、痘痘的問題，甚至每到季節變換就開始皮膚搔癢、脫皮，娜娜媽希望大家可以試著善待自己，**學習製作手工乳皂並不難，但是得到的效益卻可能超乎你的想像**。用最天然的方式呵護你的肌膚，不但能夠讓肌膚狀況獲得改善，長期下來擁有柔嫩滑細的膚質更是指日可待！

如何選擇適合的入皂材料？

乳皂的好處在於乳中的脂肪成份，會讓手工皂的洗感更為豐富。尤其是娜娜媽這幾年非常大力推崇的母乳皂，親膚性與滋潤度極高，比牛乳或羊乳更容易被人體吸收，號稱「**最奢侈的手工皂**」。所以如果妳是正在哺乳的媽媽，喝不完的母乳千萬別浪費了，可以用來入皂，滋潤效果出奇的優喔！不過，畢竟母乳取得不易，可改用牛乳或羊乳代替，滋潤度還是會比用水來得高。

▲ 加入乳脂的手工皂，更添溫潤的觸感，洗起來非常滋潤。

有人會問我，用母乳入皂有沒有什麼不一樣？基本上，會作手工皂的人，就會作母乳皂。但是因為母乳本身含有油脂，而且每個人的母乳油脂含量都不同，這部份並沒有計算在配方中的總和油脂裡，所以可能導致乳皂的軟硬度無法正確預估，做出偏軟或偏硬的皂。

手工皂的成分中，油脂就占了約7成的份量，所以油品的選擇非常重要喔！當油脂遇到鹼液，經過皂化反應會形成皂與甘油，而「甘油」就是手工皂可以拿來洗臉的秘密武器，保護皮膚且不會乾癢，是相當天然的保濕劑，但市售肥皂大多不含甘油成分，所以如果用來洗臉會覺得緊繃。

每一種油都有各自的特性，你可以針對不同的使用需求，選擇適合的配方。舉例來說：「**沐浴皂」要選擇對肌膚有益的油品，像是甜杏仁油或榛果油**，不但清爽、無負擔，滲透力也很好，即使是給小朋友使用也很適合；如果**要做「洗髮皂」，就一定要加入蓖麻油**，除了可製造大量的泡泡，對頭髮更具修護作用；至於「**家事皂」**因為需要良好的起泡度與清潔力，通常會**使用大量椰子油，搭配芥花油或橄欖油**，洗起來滋潤、不乾澀，洗淨力佳又不傷手。

因此，接下來我們將列出書中所有油品的介紹（大多在賣場或化工行可買到），你可以直接參照書中的比例去製皂，也可以自行調配適合的油品，初學者建議先從簡單入門、易取得的油品開始製作（請參見每單元的第一款皂）。不過，娜娜媽要特別提醒大家，**選購油品時必須挑選單一成分的（如：100%純橄欖油），不要買所謂的「調和油」（如：橄欖葡萄籽油）**，因為每種油脂的皂化價不同（請參見P.23），如果使用調和油，容易造成皂化時的誤差。此外，油品的新鮮度會影響乳皂的保存時間及品質，選購時也須特別注意喔！

各種油品特色及功效一覽表

油脂種類	特色	運用及效果
椰子油	手工皂基礎油脂之一，起泡度與洗淨力佳	可做出起泡度高、洗淨力強的皂（色澤偏白），而且質地也夠硬。做家事皂時，若搭配芥花油或橄欖油，洗淨力更佳，又不會傷手；不過，如果是做沐浴皂，椰子油用量建議控制在20%以內，過高的比例會讓肌膚乾澀。冬天時，椰子油容易成固態，需隔水加熱後再使用。

棕櫚油	手工皂基礎油脂之一，可讓皂更加紮實耐用	屬於硬性油脂，可提高皂的硬度，做出溫和且厚實的手工皂，不易溶化、軟爛，通常會搭配椰子油使用，建議用量約10%～30%。冬天時，棕櫚油會變得較為濃稠，需隔水加熱後再使用。
橄欖油	手工皂基礎油脂之一，滋潤度高，讓肌膚緊緻有彈性	屬於軟性油脂，含有天然維生素E及非皂化物成份，可促進膠原蛋白增生，維持肌膚彈性與活力，具有極佳的保濕與滋潤度。除了與其他油脂混合之外，也適合做100%純橄欖皂，洗起來非常滋潤，但泡沫較少，而且油性肌膚不適用（可能會長痘痘）。
白油	可提供肥皂的硬度，洗感清爽滋潤	可做出厚實、硬度夠的皂，洗起來溫和、清爽、滋潤，泡沫也很細緻，而且價格不高、取得方便，建議用量約為總重的20%以內。因為白油是呈固體奶油狀，需隔水加熱後再使用。
芥花油	軟性油脂，保濕度高	保濕力強，泡沫溫和、細緻，洗起來清爽不黏膩，而且價格也比較便宜。但因為芥花油屬軟性油脂，所以用量宜控制在20%以內，並搭配硬性油脂使用（如：椰子油、棕櫚油）。
苦茶油	對肌膚或頭皮都有不錯的功效	富含維生素A、E，不但保濕度高，適合肌膚使用，還具有促進頭皮血液循環、減少落髮、增加頭髮光澤等功效，因此也常用來做洗髮皂，屬於耐用且安定的油品，建議用量約為30%以內。
芝麻油	有助於抗老化，適合做臉部用皂或洗髮皂	富含鈣、鐵、維生素E與B1、不飽和脂肪酸，其中維生素E更高達40%以上，可謂是天然的抗氧化劑，不但有助於抗老化，它的保濕度也不錯，能讓肌膚變得更柔滑細緻。
蓖麻油	軟性油脂，兼具皮膚修護與柔軟髮絲的功用	可做出起泡度高、具透明感的皂，但必須搭配其他油品。保濕度佳、洗感溫和。此外，蓖麻油中的成分（蓖麻酸醇），可讓髮絲變得柔順，所以常用來做洗髮皂，建議用量約5～20%；如果超過20%，作出來的皂容易軟爛、不易脫模。
榛果油	軟性油脂，保濕度極佳，有助於抗老化	富含棕櫚油酸、礦物質，與維生素A、B、E，不但保濕度相當出色，而且還有軟化滋潤的效果，所以非常適合當作洗臉皂的材料，但泡沫較少。使用後請放入冰箱冷藏，以延長油品保存期限。
米糠油	滋潤美白，適合缺水性或熟齡肌膚	米糠油具有保濕、抗氧化的功效，並可抑制黑色素生成，讓肌膚變得白淨。而且因為滋潤效果很好，特別適合熟齡或是肌膚乾燥者。
酪梨油	溫和滋潤，適合乾性肌膚或問題肌膚	滋潤度非常高，且容易吸收，適合乾性肌膚使用，不但能柔嫩膚質、撫平細紋，還具有修護、鎮定肌膚的功用，若有皮膚炎等問題者，加入酪梨油有助於改善皮膚狀況，如：濕疹。市售酪梨油分為精製、未精製兩種，比較建議購買未精製過的油，營養成分較高。

可可脂	保溼效果佳，可提供手工皂的硬度	冬天製皂的好材料，可在皮膚上形成保護膜，保溼效果極優。建議用量約為10%，可做出質地較硬的皂。市售可可脂大多分為精製（白色）、未精製（黃色，有可可香）兩種，未精製過的營養成分較高。
開心果油	可防曬、抗老化，保護肌膚或髮絲	富含維生素E，不但可抗老化，還具有防曬的功用，除了沐浴皂之外，也很適合用來製作洗髮皂。
玫瑰果油	促進組織新生，改善問題肌膚	富含多種維生素，可促進膠原蛋白增生，讓肌膚汰舊換新，恢復到原本柔白、有彈性、無痕的肌膚狀態。但因為油質較黏稠，必須搭配較清淡的油脂來製皂，建議用量約5%以內，一旦過量，會使手工皂容易變質。
月見草油	屬於軟性油脂，可舒緩皮膚異常症狀	富含多元不飽和亞麻油酸、次亞麻仁酸，有助於重建肌膚細胞，恢復光澤與彈性，非常適合熟齡或問題肌膚（如：溼疹、發炎），但洗起來比較沒有泡沫。建議用量約5%以內。
葡萄籽油	屬於清爽型軟性油脂，一般或敏感肌膚皆適用	富含多種維生素，且容易吸收，滲透力佳，具有滋潤、保濕、抗氧化等功效。屬於清爽型的軟性油脂，建議用量約為10%以內（超過10%，手工皂容易變質），並須搭配硬性油脂。
甜杏仁油	親膚性與滋潤度皆佳，可改善皮膚發癢	因為親膚性極佳，並可改善肌膚乾燥、發癢等問題，常用來當作嬰兒皂的用油，對於乾性或敏感性肌膚也適用。洗起來泡沫的觸感非常細緻且滋潤喔！
荷荷巴油	屬於植物蠟，適合熟齡肌膚，並可保護髮絲	富含維生素D、蛋白質，有保溼、鎖水的功效，而且滲透力高，成分與人體肌膚的油脂非常接近，所以容易被吸收，常用來製作保養品或護髮品。建議用量約10%以內，如果超過10%，作出來的皂可能會太軟。
小麥胚芽油	屬於清爽型油脂，具有抗氧化的功效	富含維生素E，可抗氧化，有助於淡化疤痕，為清爽型油脂，起泡度高，建議用量約5%以內。因為小麥胚芽油是很好的安定劑，入皂可延長皂的保存期限，但油品本身容易氧化，開封後請放入冰箱中保存。
杏桃核仁油	屬於清爽型油脂，適用於問題肌膚	富含多種維生素，具有高滲透力與高保濕度，對肌膚非常營養，適合膚色蠟黃或乾燥、敏感、發炎等問題肌膚，建議用量約為10～50%。
澳洲胡桃油	屬於軟性油脂，有助於抗老化	富含棕櫚油酸，可延緩肌膚老化速度。屬於軟性油脂，通常會搭配其他油脂一起使用，洗起來沒有什麼泡沫。
乳油木果脂	溫和、保濕，泡沫較綿密	可做出質地較硬，泡沫像乳霜一樣綿密的手工皂。保濕度極佳，具防曬效果，可強化皮膚免疫能力，而且洗感溫和，嬰兒、中乾性、敏感性及曬後肌膚皆適用，也可用於洗髮皂中。

＊上述的「建議用量」，是以「總油重」去計算，比方說：製作總油重為500g的皂，其中椰子油建議用量為20%以內，500g×20％＝100g，代表椰子油的用量不要超過100g。

3 食材

你知道嗎？許多隨手可得的天然食材，不但可以吃，同時也是入皂的好材料喔！比方說：蜂蜜可保濕殺菌、綠茶粉能抗氧化、咖啡粉具有去角質的功效！即使是沖泡完的咖啡渣也別浪費，拿來當作家事皂的材料，除臭力與去污力都相當不錯，不妨試著做做看（請參見P.127），既省錢又環保。不過，須特別提醒的是，將蜂蜜、綠茶粉與咖啡水加入皂液中，會使得皂體顏色變深（偏向深褐色）；但燕麥、綠豆粉與薏仁粉則不會有太大影響。

各種食材特色及功效一覽表

食材種類	特色	優勢及效果
蜂蜜	保濕、殺菌	富含礦物質，具有殺菌及保濕功效。以蜂蜜入皂，可讓泡沫變得更加細緻，同時也會使皂體顏色變深。
咖啡	清潔、去角質	製作沐浴皂時，可使用純的研磨咖啡粉（不含奶精、糖），做出來的皂會含有咖啡顆粒，因此有去角質的功用。剩餘的咖啡渣，也可以用來製作家事皂，不但環保，而且除臭效果與去污力都相當不錯。
燕麥	美白、止癢	燕麥粉富含維生素B群，加入皂中有去角質的作用，且有止癢的效果，可改善皮膚炎或乾燥發癢的症狀。
綠茶	抗氧化，明亮膚色	綠茶粉中的多酚成分，有助於抗氧化、代謝角質，改善肌膚暗沉、恢復明亮。（也可用綠茶包泡茶，代替配方中的乳脂冰塊）
綠豆	改善臉部痘痘問題	從老一輩開始，綠豆粉就一直是最天然的洗臉配方，不但富含多種營養成分，還可吸附油脂，改善肌膚痘痘問題，加入皂中有輕微去角質作用，建議用量約2%。
薏仁	美白、抗氧化	不只是吃了可以美白，薏仁粉因為含有類黃酮素，用來入皂也可產生美白效果，幫助肌膚對抗老化。

4 花草

一般來説，為了豐富手工皂的質感，讓外觀看起來更漂亮，我會去化工行或花市選購一些花草，藉由花瓣顆粒來增加皂體的美感。除了紫草、玫瑰跟左手香之外，桂花、洋甘菊、金盞花與薰衣草都可以直接放入皂液之中，但是最好事先浸泡油，功效才容易出來。其他像薰衣草、桂花都容易受到鹼液影響，使皂體顏色變深（金盞花則不受影響）。

大部分的花草我會建議先浸泡在油品中（素材占1/5，油占4/5，以橄欖油為佳），密封後擺放約1個月再過濾使用（作法請參見P.47），可以讓花草本身的功效釋放到油裡。不過，如果你的時間沒有那麼充足，也可以直接去購買現成的花粉，如：薰衣草粉，雖然做出來的皂體顏色會深一些（偏卡其色），但比較省時，又具有輕微去角質的作用。

各種花草特色及功效一覽表

花草種類	特色	運用及效果
紫草	鎮靜、修復、舒緩蚊蟲叮咬之不適	紫草具有鎮靜、消炎的功效，常用來製作紫草膏，也可當成入皂材料。除非是購買現成的紫草粉，否則我們大多是將紫草根浸泡在油品中，一個月後再過濾使用，不但是天然的紫色色素，同時也能保有紫草的功效。
桂花	香味清新，可加速血液循環	可促進血液循環，讓臉色不再蒼白，並能撫平細紋、滋潤肌膚；而且桂花的香味清新宜人，有助於放鬆心情。必須製作成浸泡油使用（可依個人喜好決定過濾與否，如果不過濾，可保留花瓣的形狀）。
玫瑰	緊實、滋潤肌膚	可恢復肌膚彈性，變得更加緊實、滋潤。但因玫瑰如果直接入皂，會使顏色變深，所以通常會做成浸泡油，或是直接購買玫瑰花粉來使用。

洋甘菊	抗過敏、細胞修復	可抗過敏，減緩蕁麻疹等不適症狀，並修復細胞，讓肌膚不再乾巴巴，變得更有彈性。必須做成浸泡油，或是直接購買洋甘菊花粉入皂。
金盞花	美白、抗過敏	除了淡斑、美白的功效之外，還可抗過敏，對於濕疹有很大的幫助。必須做成浸泡油，或是直接購買金盞花粉入皂。
薰衣草	安定情緒、改善油脂分泌，適合問題肌膚	除了香味可穩定情緒之外，薰衣草也能促進細胞再生，改善油脂分泌，適合有痘痘、過敏等肌膚問題者。建議使用薰衣草浸泡油或精油，也可以最後加點乾燥薰衣草，不過易受鹼液影響，而使皂體顏色變深（偏褐色）。
左手香	具有鎮定、修復的功能，適合問題肌膚	質純溫和的天然草本植物，對鎮定、修復皮膚有卓越功效。但因為大多是針對問題肌膚，建議選用新鮮的左手香，再用果汁機打成泥，或是直接購買廣藿香精油（左手香的別名）。

5 粉類 為了方便使用與保存，許多花草或是中藥材會研磨成粉，如：有機蕁麻葉粉，入皂之後大多具有輕微去角質的作用，而且也容易被人體所吸收。大部分的粉類**可以在化工行或中藥行買到**，但部份比較特殊的材料，可能只有**手工皂材料專賣店**才會有。

各種粉類特色及功效一覽表

粉類	特色	運用及效果
白芷粉	溫和且具美白效果	溫和不刺激，具有消毒、消腫、排膿、抗炎的功用，且可避免黑色素沉澱。
抹草粉	質地溫和，適合問題肌膚	不但溫和、不刺激，對於皮膚病也有不錯的療效，而且民間也常用來避邪、保平安。
艾草粉	傳統多用來避邪，對肌膚也很好	具保溫、淨化、造血、安定神經等功效，含有多種微量元素，可廣泛運用於各種用途中。
石泥粉	具有深層清潔（綠石泥）或高度滋潤的效果（粉紅石泥）	所謂的「石泥粉」就是把礦石研磨成粉狀，綠石泥粉可深層清潔；而粉紅石泥粉富含礦物質。兩者皆有輕微的去角質作用，也可當成天然的色素使用。

資料參考：財團法人中國醫藥研究發展基金會「http://www.ctmd.org.tw」

備長炭粉	屬於有益肌膚的弱鹼性沐浴皂	不但可清除水中不必要的氯與重金屬等雜質,而且能夠加強深層洗淨力,吸附多餘的油脂與髒污,並提高手工皂硬度,建議用量約為1%。
何首烏粉	順暢血液循環,滋養毛髮	常用來製作洗髮品,可滋養髮絲,並促進黑色素生成,改善白髮問題,使秀髮烏黑有光澤。
中藥五白粉	主要功能為美白,五白粉又稱「玉蓉散」	可去中藥行購買,五白粉名稱與詳細成分可能大同小異,主要包含:白蘞、甘松、白芨、白蓮蕊、白茯苓、白芷、白朮、珍珠等10幾種中藥粉,可使肌膚明亮、白皙。
可樂果粉	植物研磨粉,可促進頭髮生長,常用來做洗髮皂	外觀為咖啡紅,入皂後,將呈現暗褐色,可當成天然的色素使用。富含精氨酸,促進蛋白形成,除了給予肌膚滋養外,如果有落髮問題者,也可在洗髮皂中加入野生可樂果粉。
蕁麻葉粉	植物研磨粉,可減少落髮,常用來做洗髮皂	入皂後,將呈現綠色,可當成天然的色素使用。若用於沐浴皂,可促進血液循環,加速代謝,平衡油脂分泌,改善肌膚乾裂的問題。若用於洗髮皂,可滋養頭皮,減少落髮問題。
胭脂樹粉	植物研磨粉,具有優良的抗氧化效果	入皂後,將呈現橘紅色,可當成天然的色素使用。具有抗氧化、抗菌等功效,保護肌膚免於自由基的傷害,適合有痘痘問題的肌膚。
紫錐花粉	植物研磨粉,可深層清潔,改善毛孔粗大	入皂後,將呈現淺黃綠色,可當成天然的色素使用。具有鎮靜、消炎的功效,同時深層清潔毛孔髒污,平衡油脂分泌,有助於改善毛孔粗大的問題。

6 精油

一般的手工皂因為沒有加入防腐劑,使用期限約為10～12個月,但如果在成分中加入一定比例的精油(油重的2%以上),可延遲手工皂氧化的時間,讓期限拉長3～6個月。所以,雖然精油的取得成本較乾燥花草來得高,卻能**同時提供香味、療效以及防腐作用**,而且容易保存又方便使用,但須注意不可過度添加,以免傷害肌膚。除了精油之外,有時候我們會選用香精,不過香精是以提供香味為主,大部分是沒有療效的。

▲ 手工皂加入精油,保存期限可拉長3～6個月。

各種精油特色及功效一覽表

精油種類	特色	運用及效果
薄荷精油	具有涼爽感	夏天時以薄荷入皂，洗起來份外神清氣爽，又有驅蚊的作用，若跟香茅精油搭配使用，可舒緩蚊蟲叮咬之不適感。
茶樹精油	改善痘痘問題	主要是取其抗菌、殺菌的特性，適用於痘痘等問題肌膚，或是加入洗髮皂中，可改善頭皮屑。
香茅精油	可驅除蚊蟲	有驅蚊作用，或是改善蚊蟲叮咬之不適感，並且有助於提振精神。
甜茴香精油	消毒、抗皺	可消解蟲咬的毒素，且具有防皺作用；但請勿過量使用，以免引發毒性或造成皮膚敏感，建議用量約為3%以內。
沒藥精油	改善問題肌膚	適合油性或老化肌膚，對於痘痘、溼疹等肌膚問題，也有不錯的改善效果。
玫瑰天竺葵精油	改善問題肌膚	針對肌膚不適症狀，如：溼疹、灼傷、皰疹等等。
羅馬洋甘菊精油	舒緩肌膚不適	修復肌膚，緩解肌膚發炎、過敏、乾燥發癢等症狀。
大西洋雪松精油	改善問題肌膚	具有消炎、收斂效果，適合油性或問題肌膚，如：痘痘、粉刺、過敏、溼疹等等。此外，也可加入洗髮皂中，改善落髮、容易出油、頭皮屑等症狀。
藍膠尤加利精油	促進組織再造	可促進組織再造、新生，改善肌膚阻塞問題，所以如果有傷口、發炎等症狀者，可在皂中加入藍膠尤加利精油。
廣藿香精油	改善問題肌膚	可抗菌、消炎、促進細胞再生，所以如果有溼疹、痘痘、香港腳等問題，或是肌膚有傷口的話，可以試著在皂中加入廣藿香精油，肌膚或頭髮（改善頭皮屑）皆適用。
檸檬草精油	改善油脂分泌	可抗菌、調節油脂，如果有黴菌感染（像香港腳）或是毛孔粗大與粉刺問題者，可以選擇檸檬草精油。
甜橙精油	溫和滋潤	可促進發汗，有助於排出毒素，而且滋潤、溫和、不刺激，很適合嬰幼兒的肌膚。
橙花精油	舒緩壓力	香味可放鬆心情，有助於睡眠，並能促進血液循環。
伊蘭伊蘭精油	改善油脂分泌	具有平衡皮脂分泌的特性，不管是油性或乾性膚質都很適合；若用於洗髮皂中，可使新生的頭髮更有光澤。
迷迭香精油	抗老化	如果用於沐浴皂，可抗老化，讓皮膚更加收斂、緊實，減輕浮腫問題；如果用於洗髮皂，則可改善落髮問題，修補受損髮絲，刺激毛髮生長，減少頭皮屑。
山雞椒精油	緊實肌膚	具有收斂、緊實的功效，適用於油性肌膚，也可用作洗髮皂（針對油性髮質）。

參考書籍：《精油全書》

製皂3要素的黃金比例

手工皂製作主要是由「**油脂**」、「**氫氧化鈉**」、「**水分**」三大要素所組成，除了按照本書的比例去製皂之外，瞭解基本的計算原理之後，你就可以自行做一些份量或是成份的調整。（可自行上網輸入查詢「手工皂配方計算表」）

🍂 油脂的用量

每種油脂都有各自的INS值（即碘價，泛指香皂的硬度），如果配方中**INS值低的軟性油脂比例越高，做出來的肥皂就越軟**。所以當我們要混合不同油脂的時候，必須先了解每種油脂各自的INS值，並予以計算，評估手工皂的硬度是否足夠。

INS值＝（A油重/總油重）×A油脂的INS值＋（B油重/總油重）×B油脂的INS值＋…

舉例來說：如果配方為橄欖油150克，椰子油100克，棕櫚油100克，總油重為350克。查下表可知，橄欖油INS值109，椰子油INS值258，棕櫚油INS值145。所以做出來的成品INS值計算如下：

INS值＝（150/350）×109＋（100/350）×258＋（100/350）×145＝161.84

 Point! 基本上，INS值在120～170之間，算是理想的硬度。如果經計算後INS值超過理想範圍，可能就要重新調配一下各油品的用量。

各種油品的INS值

白油	115	可可脂	157	椰子油	258	開心果油	92
棕櫚油	145	玫瑰果油	19	橄欖油	109	月見草油	30
芥花油	56	葡萄籽油	66	苦茶油	108	甜杏仁油	97

芝麻油	81	荷荷巴油	11	蓖麻油	95	小麥胚芽油	58
榛果油	94	杏桃核仁油	91	米糠油	70	澳洲胡桃油	119
酪梨油	99	乳油木果脂	116				

❀ 氫氧化鈉的用量

每種油脂有不同的「皂化價」，而皂化價所代表的是「皂化每1公克油脂所需的鹼質克數」。

氫氧化鈉用量＝（A油重×A的皂化價）＋（B油重×B的皂化價）＋…

如前例所述，配方為橄欖油150克，椰子油100克，棕櫚油100克。查下表可知，橄欖油皂化價0.134，椰子油皂化價0.19，棕櫚油皂化價0.141。所以製皂時，所需的氫氧化鈉用量如下：

氫氧化鈉用量＝150×0.134＋100×0.19＋100×0.141＝53.2→可四捨五入為53（克）

各種油品的皂化價

白油	0.136	可可脂	0.137	椰子油	0.19	開心果油	0.1328
棕櫚油	0.141	玫瑰果油	0.1378	橄欖油	0.134	月見草油	0.1357
芥花油	0.1324	葡萄籽油	0.1265	苦茶油	0.1362	甜杏仁油	0.136
芝麻油	0.133	荷荷巴油	0.069	蓖麻油	0.1286	小麥胚芽油	0.137
榛果油	0.1356	杏桃核仁油	0.135	米糠油	0.128	澳洲胡桃油	0.139
酪梨油	0.134	乳油木果脂	0.128				

❀ 水分的用量

計算完油脂跟氫氧化鈉的份量之後，水分應該要加多少呢？坊間可聽聞的算法有很多種，娜娜媽是**以氫氧化鈉用量×2.5倍，或是×3倍，來計算水量**。以前述例子來看，氫氧化鈉用量為53克，乘以2.5倍約為133，也就是說要加入133公克的水。

有哪些器材工具要準備？

▲報紙或塑膠墊

製皂時，約需90×60cm大小的工作空間，鋪上報紙或塑膠墊可避免鹼液腐蝕桌面，方便清理。

▲口罩

當氫氧化鈉遇水時，容易產生白色煙霧，建議戴上口罩防止吸入。

▲手套 / 圍裙 / 護目鏡

因為鹼液屬於強鹼，容易造成灼傷，所以要做好防護，以免濺出時對皮膚或衣服造成損害。

▲電子秤

請挑選最小測量單位為1g的小型電子秤。

▲不鏽鋼或塑膠量杯1個

容量約500cc左右，可用來測量氫氧化鈉的重量，但務必保持乾燥。

▲不鏽鋼鍋2個

以直徑與深度皆約20cm的不鏽鋼鍋為佳，若使用太淺的鍋子，打皂時容易濺出來。

▲鮮奶紙盒

除了專門的模具之外，鮮奶紙盒也很好用（容量約936ml），但紙盒內側不可是鋁箔包裝，清洗乾淨並風乾後再使用，否則殘留物黏在皂上容易變質。

▲溫度計2隻

測量溫度可達100℃以上的長型溫度計，建議準備2隻來量油脂與鹼液的溫度，如果只有1隻，請務必擦拭乾淨後再使用。

▲不鏽鋼打蛋器1隻

手動打蛋器即可，不建議使用電動的，容易濺出來，如果一定要使用電動打蛋器，請務必做好防護措施。

▲玻璃攪拌棒1隻

一般化工行可買到，用來溶解氫氧化鈉。以長約30cm、直徑約1cm者，使用起來比較安全。

▲刮刀

烘培用的刮刀，主要是入模時，用刮刀將鍋子上殘留的皂液一併刮下，不致浪費。

▲切刀 / 砧板

一般的菜刀就可以了，厚度越薄越好切。刀與砧板最好跟做菜用的分開使用。

1. 氫氧化鈉遇水會形成強鹼，相關器具最好都是**使用不鏽鋼材質**，以免發生腐蝕或是溶出黑色屑等情形，不但毀損器具，也弄壞了手工皂。
2. 新的不鏽鋼鍋具，建議**先用醋清洗過**，否則製皂時可能會產生黑色屑。
3. **切記！不可使用玻璃碗**，避免打皂過程中發生因玻璃脆化而碎裂的危險。
4. 打皂用的器具與食用的器具，**請分開使用**。

開始吧！基本製皂技巧

STEP BY STEP

▶ 作好防護措施

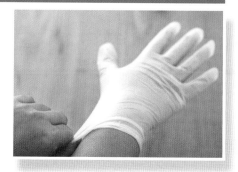

1 請先清理出足夠的工作空間，以通風處為佳。如果擔心桌面腐蝕，可在工作檯鋪上報紙或是塑膠墊。

2 戴上手套、護目鏡、口罩、圍裙，做好防護。

Point! 因為鹼液屬於強鹼，從開始操作到清洗工具，請全程帶著手套及圍裙，避免受傷喔！若不小心噴到皂液，請立即用大量清水沖洗。

▶ 測量油脂、氫氧化鈉、乳脂

3 電子秤歸零後，將配方中的油脂分別測量好，並倒入不鏽鋼鍋中加溫，讓不同油脂充份混合。※加溫時，油溫不要超過45℃。

4 **測量：**依照配方中的份量，測量氫氧化鈉，置於不鏽鋼量杯中；測量乳脂冰塊，置於不鏽鋼鍋中備用。

Point! 1. 氫氧化鈉不可碰水，測量時容器需保持乾燥。
2. 不論是加水還是加乳類（母乳或牛、羊乳），最好先冰凍之後再使用，可降低製作時的溫度。

▶ 準備融鹼與混合

5 **製作鹼液**：將氫氧化鈉分3～4次倒入冰塊中，並用攪拌棒不停快速攪拌，直到氫氧化鈉完全融於水中，看不到顆粒為止。如果攪拌得不夠快，氫氧化鈉容易結塊或黏在鍋底。

Point!
1. 請使用玻璃攪拌棒，不可用溫度計來攪拌。
2. 若此時產生高溫及白色煙霧，請小心不要吸入煙霧。

倒入氫氧化鈉

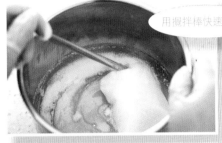
用攪拌棒快速攪拌

氫氧化鈉完全融化

如果看到小顆粒，代表未完全融化

6 **用溫度計測量**：當鹼液溫度跟油脂溫度維持在30～45℃之間，並且兩者溫度相差在10℃之內，便可將油脂緩緩倒入鹼液中，充分混合攪拌。如果鹼液與油脂溫差大於10℃，做出來的皂體顏色會比較深。

分別測量鹼液與油脂溫度
將油脂倒入鹼液中

如果油脂溫度過低，直接加熱即可；如果鹼液溫度過低，則需隔水加熱。倘若鹼液溫度過高，可隔水降溫（在水中加冰塊，降溫速度更快）。舉例來說：若油脂35℃、鹼液45℃，兩者可混合；但若油脂20℃、鹼液40℃，則需將油脂加熱到30℃才能混合。

▶ 開始打皂

7 **持續攪拌**：用不鏽鋼打蛋器混合攪拌，順向或逆向皆可，混合後30分鐘內要不停的攪拌喔！（剛開始皂化反應較慢，越攪拌會越濃稠，30分鐘之後，可以歇息一下再攪拌）因為比重不同，如果攪拌次數不足，可能導致油脂跟鹼液不均勻，而出現分層的情形（鹼液都往下沉到皂液底部）。

用打蛋器攪拌

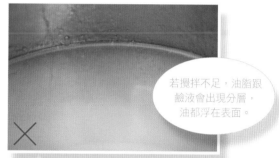

若攪拌不足，油脂跟鹼液會出現分層，油都浮在表面。

Point! 打皂時，最好不時轉動鍋子，才不會只攪拌到幾個固定的地方；而且除了邊緣之外，也要記得攪拌中間的地方。

皂液濃稠到可在表面留下痕跡

加入添加物後，再繼續攪拌

8 最後皂液會像沙拉醬般濃稠，整個過程約需30～45分鐘。（可試著用皂液在表面畫8，若從側面可看見字體痕跡，代表濃稠度已達標準）。

Point! 打皂工具建議隔天再清洗，因為皂化後比較好沖洗。同時可觀察一下，如果鍋中的皂遇水後是渾濁的（像一般洗劑一樣），代表應該是成功的；但如果有油脂浮在水面，可能是攪拌過程中不夠均勻喔！

9 **添加**：加入精油或其他添加物，再攪拌約300下，直至均勻為止。記得，攪拌好之後要盡快入模，因為皂液如果過度濃稠，入模後會因氣泡而造成空洞、不平整的情形。

▶ 入模與脫模

將打好的皂液倒入盒中

用訂書機封口

若使用模具，必須蓋上保鮮膜，再包一層毛巾；或是放入保麗龍箱中（可用冰淇淋盒或是去水果店索取），藉由保溫的動作讓皂液持續皂化，24小時之後再打開風乾。

10 **入模**：將皂液倒入鮮奶紙盒中，並用刮刀把鍋裡殘留的皂液刮乾淨。然後輕敲約50下，讓皂液中的空氣排出，最後將紙盒開口用訂書機封起來就完成囉！

 Point! 注意！如果是以母乳入皂，就不要封口或保溫，因為母乳本身皂化的溫度較高，如果保溫過度，做出來的皂上層容易有裂縫，會比較不好看。

11 **脫模**：約2～3天後，剪開牛奶紙盒的四個邊角，然後沿著邊緣慢慢撕開、脫模。（如果不太好撕，可以再多放幾天。）

慢慢撕開紙盒

剪開牛奶紙盒的邊角

▶ 切皂後風乾

12 切皂：脫模後建議再風乾2～3天，等表面都呈現光滑、不黏手的狀態才切皂。

13 晾皂：將乳皂置於陰涼通風處，約需3～5週，待乳皂的鹼度下降，完全皂化之後，才能使用。

Point!
1. 如果要蓋皂章，可以等切皂後風乾約3～7天再蓋。
2. 請勿曝曬於太陽下，否則容易變質。
3. 40天後可用保鮮膜單顆包裝，比較好保存，不易沾黏。

娜娜媽小法寶

雙手先將刀尾定位再切

 A

 B

很多人都會問娜娜媽「要怎麼切出漂亮的肥皂？」，其實並不難，多切幾次自然會找到手感。首先，將A4紙鋪在平坦的桌子上，像是在切長條吐司一樣，刀尾先定位，確定前後的寬度一樣後，即可下刀。每切一塊，先用乾淨的濕紙巾將刀背擦乾淨，再切下一塊。若發現切下去會很黏刀背，或是不容易切開的話，可以多放一星期後再切。（如圖A）

切完皂之後，常會剩下多餘的乳皂，可以用紗布將皂屑包成一袋，當做洗手皂使用；或是下次作皂液時，加入皂屑，可讓乳皂變得更有變化性喔！（如圖B）

Part 2

全效滋潤乳皂

呵護敏感性及嬰兒肌膚

每到秋冬皮膚就開始乾燥脫皮嗎？
本單元特別收錄5款高滋潤度的乳皂，
為你的肌膚鎖水保溼！

Extra Virgin
Olive oil

寒冬救星
強效滋潤

老祖母純橄欖乳皂

用100％純橄欖油（以extra virgin初榨橄欖油為佳）作成
的乳皂，是乾燥或敏感性肌膚的「寒冬救星」，滋潤度
與保水度相當高，可改善秋冬肌膚乾裂的問題。不過因
為沒有加入其他硬性油脂，所以硬度僅有109（一般INS
標準值是介於120～170之間），再加上甘油成分高、
吸水度強，遇水容易變得軟爛（表層會浮出甘油），建
議將乳皂切小塊一點，並使用可
透水的肥皂盒，盡量保持
乾燥，有助於延長使用
壽命。另外，因為這款
皂洗起來不易起泡，可
用細密的紗網包覆後再使
用，泡沫會比較多。

適合膚質

中乾性

使用模具

牛奶紙盒

INS硬度

109

material

油脂	extra virgin初榨橄欖油350g
氫氧化鈉	47g
牛乳冰塊	118g　（可用母乳／羊乳／水替代）

＊以上材料約可做5塊100g的乳皂，如左圖大小。
＊打皂時間：5小時（手打時間）。

STEP BY STEP

準備

打皂

1 將橄欖油、牛乳冰塊、氫氧化鈉分別量好後備用。

2 先把牛乳冰塊置於不鏽鋼鍋中,將氫氧化鈉分3～4次倒入,並快速攪拌,直到氫氧化鈉完全融解,鹼液即完成。

3 用溫度計分別測量橄欖油和鹼液的溫度,二者皆在35℃以下,且溫差在10℃之內,即可混合。(乳皂建議溫度在35℃以下,成皂的顏色會比較白皙。)

4 用打蛋器將橄欖油邊攪拌邊倒入步驟2的鹼液中,持續攪拌40～50分鐘。

5 手打時間約4～5小時。

6 直到皂液變得濃稠,似美乃滋狀(在表面畫8可看見淡淡的字體痕跡)。

入模

6 將皂液倒入牛奶紙盒中,並用訂書機封口,放置約3～7天即可脫模。(如果是用母乳製皂,因為皂化溫度較高,所以牛奶紙盒不用封起來,也不用特別保溫。)

7 脫模後,風乾約2～3天即切皂,再放置約3～5星期,完全皂化後即可使用。

娜娜媽小法寶

純橄欖皂因為沒有硬油的成份,皂化反應較慢,需要比較長的時間。建議你可以打40分鐘後,休息10分鐘,再打5分鐘(不用一直打,可以停一下,讓皂液先皂化),直到皂液呈現濃稠,似美乃滋狀(又稱為trace)。

變換造型的切皂手法

新手剛開始不用買太多模型，喝剩的牛奶紙盒就是很好用的模具，既環保又省錢，只要事先清洗乾淨，風乾後即可使用。牛奶紙盒可以是直立的，也可以小加工變成橫躺的，用來製作分層皂非常方便。（作法請參見P.55）

有些人會問：「用牛奶紙盒作皂，只能切成方形嗎？」其實，只要動動腦，換個切法，又是完　不同的造型，如：立方體切法、蛋糕切片法。

▲立方體切法很簡單，只要將皂體切成四等分即可。

▲先將皂體切成二等分。

▲再沿著對角線斜切。

▲就是三角形的蛋糕切片囉！

除此之外，**購買有造型的波浪刀**，也是增加皂體變化的作法，不至於過度單調。惟獨切皂的時候，皂不能太軟，否則切出來的條紋線條會不明顯，也容易沾黏到刀上喔！

Pistachio
& Macadamia oil

延緩老化 高度滋潤

開心果胡桃乳皂

這款皂用了兩種非常滋潤的油品：澳洲胡桃油、開心果油，成分類似皮膚的油脂，容易被人體吸收，對於抗老化有不錯的幫助，保濕效果相當好，尤其適合老化或乾燥肌膚，而且皂體有一定的硬度，洗起來不會有容易軟爛的問題。除了抗老化之外，開心果油還有防曬、舒緩曬後肌膚的功能，如果有曬傷脫皮問題者，皂中的甘油可以補充肌膚流失的水分，降低不適感。

適合膚質

中乾性

使用模具

乳牛矽膠模

INS硬度

138

material

油脂	澳洲胡桃油100g・開心果油80g・甜杏仁油50g
	椰子油60g・棕櫚油60g　（總油重350g）
氫氧化鈉	51g
母乳冰塊	128g　（可用牛乳 / 羊乳 / 水替代）

＊以上材料約可做6塊80g的乳皂，如左圖大小。

準備

B.

打皂

1 先將所有的油脂量好，倒入不鏽鋼鍋中隔水加熱，讓油脂充分混合後備用。（冬天時，椰子油與棕櫚油要先隔水加熱，才會融化。）

2 母乳冰塊測量好後，置於不鏽鋼鍋中，將氫氧化鈉分3～4次倒入，並快速攪拌，直到氫氧化鈉完全融解，鹼液即完成。

3 用溫度計分別測量油脂和鹼液的溫度，二者皆在35℃以下，且溫差在10℃之內，即可混合。（乳皂建議溫度在35℃以下，成皂的顏色會比較白皙。）

4 將步驟1的油脂邊攪拌邊倒入步驟2的鹼液中，持續攪拌30～40分鐘。

5 直到皂液變得濃稠，似美乃滋狀（在表面畫8可看見淡淡的字體痕跡）。

入模

6 將皂液倒入模具中，放置約2～3天即可脫模。

7 脫模後，再風乾約4～6星期，完全皂化後即可使用。

娜娜媽小法寶

除了牛奶紙盒之外，如果你擔心切皂切得歪七扭八，或是想要多點花樣，也可以直接選購模具，比方說：矽膠模，只要輕輕一壓就可以取出肥皂，比塑膠模更好拿取，但價格較高。使用模具時，約2～3天（視天氣狀況而定）就可以脫模，不過此時皂體還有點軟，請小心取出，以免變形。最後，再繼續風乾約4～6週，完全皂化後即可使用。

造型模具大變身

專門矽膠模具
乳牛矽膠模
約NT$360元

專門矽膠模具
心型矽膠模
約NT$460元

專門矽膠模具
泡泡頭矽膠模
約NT$370元

PVC塑膠模
小雞塑膠模
約NT$350元

烘培用矽膠模
圓形矽膠模
約NT$380元

專門矽膠模具
口金包矽膠模
約NT$420元

PVC塑膠模
蜂蜜塑膠模
約NT$350元

烘培用矽膠模
巧克力矽膠模
約NT$380元

烘培用矽膠模
愛心矽膠模
約NT$380元

專門矽膠模具	矽膠模專賣店或是手工皂材料行有賣，花樣非常細緻且多變化。如：泡泡頭矽膠模、乳牛矽膠模、心型矽膠模、口金包矽膠模。
烘培用矽膠模	一般的烘培行就可買到，價格較便宜，但款式較簡單。如：巧克力矽膠模、愛心矽膠模、圓形矽膠模。
PVC塑膠模	手工皂材料行或是烘培行可買到。如：小雞塑膠模、蜂蜜塑膠模。

Sweet Almond
& Lavender

入 門 建 議

甜杏仁薰衣草乳皂

質純溫和
舒緩放鬆

用甜杏仁油做出來的皂，不但洗感清爽，滲透性也不
錯，乾性或油性皆適用，尤其適合有脫屑問題的肌膚。
薰衣草精油有助安眠的作用，但如果是想要讓3個月以下
的嬰兒使用，建議不要添加精油，才能做出最溫和的嬰
兒皂（以母乳入皂最佳）。假使想要讓手工皂看起來更
有質感，也可以在入模前灑上少許的乾燥薰衣草（約1g
即可），不過薰衣草遇到鹼液會
變成黑褐色，請視個
人喜好決定是否
添加。

適合膚質

一般膚質

使用模具

巧克力矽膠模

INS硬度

135

material

油脂	甜杏仁油150g · 蓖麻油30g · 椰子油60g · 棕櫚油60g
	乳油木果脂50g （總油重350g）
氫氧化鈉	51g
母乳冰塊	128g （可用牛乳 / 羊乳 / 水替代）
精油	薰衣草精油7g（約160滴）

＊以上材料約可做7塊70g的乳皂，如左圖大小。

STEP BY STEP ﹀

準備

打皂

1　先將所有的油脂量好,倒入不鏽鋼鍋中隔水加熱,讓油脂充分混合後備用。(冬天時,椰子油與棕櫚油要先隔水加熱,才會融化。)

2　母乳冰塊測量好後,置於不鏽鋼鍋中,將氫氧化鈉分3～4次倒入,並快速攪拌,直到氫氧化鈉完全融解,鹼液即完成。

3　用溫度計分別測量油脂和鹼液的溫度,二者皆在35℃以下,且溫差在10℃之內,即可混合。(乳皂建議溫度在35℃以下,成皂的顏色會比較白皙。)

4　將步驟1的油脂邊攪拌邊倒入步驟2的鹼液中,持續攪拌30～40分鐘。

5　直到皂液變得濃稠,似美乃滋狀(在表面畫8可看見淡淡的字體痕跡)。

6　將精油(薰衣草7g)倒入皂液中,再攪拌300下。

入模

7　將皂液倒入模具中,放置約2～3天即可脫模。

8　脫模後,再風乾約4～6星期,完全皂化後即可使用。

娜娜媽小法寶

娜娜媽非常建議用母乳來製皂,因為母乳含有乳脂肪,可大幅提高手工皂的滋潤度,而且親膚性高,分子容易被人體吸收,是相當好的製皂材料(母乳皂的顏色會有點偏黃,是正常的)。不管是母乳或牛乳,都建議結冰後再使用,須避免退冰後才做,否則在製作鹼液的過程中,容易因為溫度過高而破壞養分。(可倒入製冰盒中冷凍,呈小塊狀比較好融化)

蓋上皂章，為質感加分

如果覺得皂的表面過於單調，只要加蓋皂章，看起來會更有手作的質感喔！尤其是訂做自己專屬的皂章，不管是送禮、自用都意義非凡。一般的刻章店即可訂購橡皮章，或是直接去壓克力專賣店選購壓克力章。

▲ 橡皮章的缺點是深度不足，蓋下去容易有框框。

▲ 壓克力章不但花樣多，而且深度與硬度都夠，蓋在皂上會比較漂亮。

皂章要什麼時候才能蓋呢？基本上大約是**切皂後再風乾1週，皂不軟不硬的時候蓋最好。**

但是因為皂的軟硬度會受到天候、配方等因素的影響，所以娜娜媽建議大家可以切一點皂邊，先試蓋看看，比較能夠拿捏力道，成功率才會高。

▲ 如果皂太軟，會黏在皂章上，蓋出來的圖形也不清楚，最好多等幾天再蓋。

Shea Butter
& Chamomile

滋潤肌膚 保濕修護　乳油木洋甘菊乳皂

洋甘菊具有抗過敏的作用，對於皮膚乾燥或是蕁麻疹患者都很好，而珍貴的乳油木果脂更能修復肌膚，並保留住水分，有助於改善皮膚乾癢的問題。這款乳皂硬度為141，不會有容易軟爛的問題，而且因為加入了椰子油與蓖麻油，洗起來泡沫會比較多。另外，牛乳或羊乳最好不要使用過期的產品，否則可能會縮短手工皂的保存期限喔！

適合膚質
———

**乾性、敏感性
及嬰兒肌膚**

使用模具
———

牛奶紙盒

INS硬度
———

141

material

油脂	洋甘菊浸泡橄欖油120g・椰子油60g・棕櫚油60g
	蓖麻油30g・乳油木果脂80g　（總油重350g）
氫氧化鈉	50g
牛乳冰塊	125g　（可用母乳／羊乳／水替代）
精油	甜橙精油 1 g（約20滴）
	藍膠尤加利精油2g（約40滴）

＊以上材料約可做8塊60g的乳皂，如左圖大小。

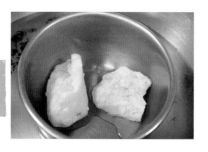

A. 準備

B. 打皂

1　提前1個月，準備好洋甘菊浸泡油。

2　將所有的油脂量好，並將乳油木果脂先隔水加熱融解。（冬天時，椰子油與棕櫚油也要先隔水加熱，才會融化。）

3　將步驟2中所有的油脂倒入不鏽鋼鍋中隔水加熱，讓油脂充分混合後備用。

4　牛乳冰塊測量好後，置於不鏽鋼鍋中，將氫氧化鈉分3～4次倒入，並快速攪拌，直到氫氧化鈉完全融解，鹼液即完成。

5　用溫度計分別測量油脂和鹼液的溫度，二者皆在35℃以下，且溫差在10℃之內，即可混合。（乳皂建議溫度在35℃以下，成皂的顏色會比較白皙。）

6　將步驟3的油脂邊攪拌邊倒入步驟4的鹼液中，持續攪拌30～40分鐘。

7　直到皂液變得濃稠，似美乃滋狀（在表面畫8可看見淡淡的字體痕跡）。

8　將精油（甜橙精油1g、藍膠尤加利2g）倒入皂液中，再攪拌300下。

C. 入模

9　將皂液倒入牛奶紙盒中，並用訂書機封口，放置約2～3天即可脫模。（如果是用母乳製皂，因為皂化溫度較高，所以牛奶紙盒不用封起來，也不用特別保溫。）

10　脫模後，風乾約2～3天可切皂，再放置約3～5星期，完全皂化後即可使用。

◀各大保養品牌十分推崇的乳油木果脂，保溼度極佳，500ML約NT$350元。

娜娜媽小法寶

花草浸泡油的作法都一樣，但須提前1個月製作喔！以洋甘菊浸泡油為例，比例是1（洋甘菊）：5（橄欖油），也就是說500g的橄欖油，要加入100g的乾燥洋甘菊。

作法：

1. 先準備約650cc容量的玻璃瓶，洗淨並保持乾燥。

2. 將洋甘菊放入瓶中，再倒入橄欖油，輕輕搖晃瓶身約1分鐘，讓洋甘菊完全浸泡在油中（油一定要蓋過洋甘菊）。

3. 將瓶蓋密封起來。

4. 之後每個星期把油罐拿出來搖一搖，確定洋甘菊都有浸泡在油中。

5. 總共約需放置1個月，才可用來入皂。

6. 完成後，可將花瓣過濾掉，僅使用浸泡油的部份；也可以保留花瓣，做出來的手工皂會更有質感。

如果沒有時間做浸泡油，也可以到手工皂專賣店，購買洋甘菊花粉，但必須預留約15g的冰塊，用來溶解花粉，調勻之後備用。等到皂液呈美乃滋狀，再將洋甘菊花液倒入皂液中，並攪拌約300下才入模。

Honey
Marseilles
Soap

**全面滋潤
保濕殺菌**

蜂蜜馬賽乳皂

馬賽皂是以「橄欖油成份高達72％以上」聞名，可想而知是滋潤度頗高的皂款，再加上具有殺菌、保溼效果的蜂蜜，不但對中乾性肌膚好，對寶寶嬌嫩的肌膚更好（油性肌膚不適用，易長痘痘）。橄欖油以選擇「初榨橄欖油」為佳（認明extra virgin字樣），營養成分較高。

這款蜂蜜馬賽乳皂，因為加入了硬性油脂（椰子油和棕櫚油），所以不會像純橄欖皂一樣容易軟爛，而且油品簡單，用來當作入門皂也很適合。

適合膚質
―――――
中乾性

使用模具
―――――
蜂蜜塑膠模

INS硬度
―――――
133

material

油脂	extra virgin初榨橄欖油260g・椰子油45g
	棕櫚油45g　（總油重350g）
氫氧化鈉	50g
牛乳冰塊	105g　（可用母乳／羊乳／水替代）
開水	10g
添加物	蜂蜜10g

＊以上材料約可做6塊80g的乳皂，如左圖大小。
＊打皂時間：2～3小時（手打時間）。

準備

1　先將所有的油脂量好，倒入不鏽鋼鍋中隔水加熱，讓油脂充分混合後備用。（冬天時，椰子油與棕櫚油要先隔水加熱，才會融化。）

2　牛乳冰塊測量好後，置於不鏽鋼鍋中，將氫氧化鈉分3～4次倒入，並快速攪拌，直到氫氧化鈉完全融解，鹼液即完成。

3　用溫度計分別測量油脂和鹼液的溫度，二者皆在35℃以下，且溫差在10℃之內，即可混合。（乳皂建議溫度在35℃以下，成皂的顏色會比較白皙。）

入模

7　放置約3～7天即可脫模。

8　若不好脫模，可放進冷凍庫冰1～2小時，取出即可脫模。

9　脫模後，再風乾約4～6星期，完全皂化後即可使用。

打皂

4　將步驟1的油脂邊攪拌邊倒入步驟2的鹼液中，持續攪拌30～40分鐘。

5　將10g蜂蜜與10g開水充分調勻後，倒入皂液中攪拌約5分鐘。

6　直到皂液變得濃稠，似美乃滋狀（在表面畫8可看見淡淡的字體痕跡）。

娜娜媽小法寶

蜂蜜必須先加水調勻，比較容易散開，入皂後也要盡量攪拌均勻，否則容易失敗喔！攪拌不足可能導致分層，或是皂體表面不平滑等問題。

Part 3

調理平衡乳皂

揮別滿臉油光的困擾

臉部容易出油總是困擾你嗎？
本單元特選具有深層清潔功效的乳皂，
助你平衡油脂分泌、保持清爽！

Organic
Echinacea
Soap

入門建議

收斂毛孔　平衡油脂

紫錐花控油乳皂

紫錐花粉主要具有消炎、收斂毛孔、深層清潔以及平衡
油脂分泌的作用，特別適合中性或油性肌膚。此外，因
為紫錐花粉入皂後，會使皂液變成淡淡的綠色，可當成
天然色素使用，但如果你希望做出來的皂，顏色更鮮明
一點，可以另外添加食用色　　素（可自行選擇是否
加入）。這款皂只運
用了四種簡單的油
脂，就能做出清爽的
乳皂，很適合當成入
門皂來學習喔！

適合膚質
———
中油性

使用模具
———
牛奶紙盒

INS硬度
———
136

material

油脂	extra virgin初榨橄欖油100g（也可用一般的純橄欖油）
	棕櫚油60g・椰子油60g・甜杏仁油130g（總油重350g）
氫氧化鈉	51g
牛乳冰塊	110g　（可用母乳／羊乳／水替代）
開水	130g
添加物	紫錐花粉3g（粉請過篩）・食用色素（青綠色）0.5g
精油	迷迭香精油3g（約60滴）・檸檬草精油3g（約60滴）

＊以上材料約可做5塊100g的乳皂，如左圖大小。

＊痘痘肌可改用酪梨油，氫氧化鈉要重算。

A.

準備

B.

打皂

1　將牛奶紙盒開口封好,並從側邊裁切開口(距離邊緣約1～2公分)。

2　先將所有的油脂量好,倒入不鏽鋼鍋中隔水加熱,讓油脂充分混合後備用。(冬天時,椰子油與棕櫚油要先隔水加熱,才會融化。)

3　牛乳冰塊測量好後,置於不鏽鋼鍋中,將氫氧化鈉分3～4次倒入,並快速攪拌,直到氫氧化鈉完全融解,鹼液即完成。

4　用溫度計分別測量油脂和鹼液的溫度,二者皆在35℃以下,且溫差在10℃之內,即可混合。(乳皂建議溫度在35℃以下,成皂的顏色會比較白皙。)

5　將步驟2的油脂邊攪拌邊倒入步驟3的鹼液中,持續攪拌30～40分鐘。

6　直到皂液變得略稠(在表面畫8可看見淡淡的字體痕跡)。

7　將精油(迷迭香3g、檸檬草3g)倒入皂液中,再攪拌300下。

C.

渲染

8　先將2/3的皂液倒入牛奶紙盒中。

9　將50g皂液與過篩後的紫錐花粉(3g)用色素(0.5g)充分調勻。

10　將步驟9調好的粉類添加物倒入剩下的1/3皂液中,攪拌約3分鐘至均勻為止。

11　將調好色的皂液倒入牛奶紙盒中,並用攪拌棒輕輕勾畫出自己喜歡的線條。

◀可當成天然色素使用的紫錐花粉,有助於平衡油脂分泌,50g約NT$170元。

D.

入模

12 放置約2～3天即可脫模。脫模後，風乾約2～3天可切皂，再放置約3～5星期，完全皂化後即可使用。

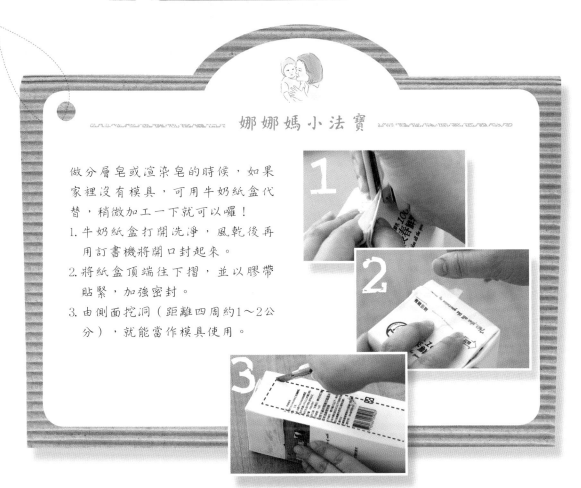

娜娜媽小法寶

做分層皂或渲染皂的時候，如果家裡沒有模具，可用牛奶紙盒代替，稍微加工一下就可以囉！

1. 牛奶紙盒打開洗淨，風乾後再用訂書機將開口封起來。

2. 將紙盒頂端往下摺，並以膠帶貼緊，加強密封。

3. 由側面挖洞（距離四周約1～2公分），就能當作模具使用。

Ena soap
Handmade

Tea Tree
& Mint

清爽薄荷乳皂

**改善出油
神清氣爽**

這款皂因為加入了薄荷腦，洗起來特別清涼，讓人神清氣爽，再搭配茶樹精油，消炎、抗痘功能極佳，有助於改善痘痘問題。此外，荷荷巴油具有控制油脂的功效，不但可調理肌膚容易出油的問題，又不會阻塞毛孔，適合油性肌膚使用。（在皂中加入黃色與綠色食用色素，主要是為了讓視覺上看起來更有清涼的感覺，如果不在意外觀，也可以不添加色素。）

適合膚質

中油性

使用模具

牛奶紙盒

INS硬度

132

material

油脂	extra virgin初榨橄欖油120g（也可用一般的純橄欖油）
	椰子油70g・棕櫚油60g・甜杏仁油60g・
	荷荷巴油40g　（總油重350g）
氫氧化鈉	49g
母乳冰塊	125g（可用牛乳／羊乳／水替代）
添加物	薄荷腦1g・白色皂邊8片・食用色素（綠色）0.5g
	食用色素（黃色）0.5g
精油	薄荷精油3g（約60滴）・茶樹精油2g（約40滴）

＊以上材料約可做5塊100g的乳皂，如左圖大小。

＊容易長痘，用酪梨油代替氫氧化鈉要重算。

S TEP B Y S TEP ⌄

準備

打皂

1 將牛奶紙盒開口封好,並從側邊裁切開口(請參考P.55)。

2 先將所有的油脂量好,倒入不鏽鋼鍋中隔水加熱,讓油脂充分混合後備用。(冬天時,椰子油與棕櫚油要先隔水加熱,才會融化。)

3 薄荷腦(1g)與母乳冰塊測量好後,置於不鏽鋼鍋中,將氫氧化鈉分3～4次倒入,並快速攪拌,直到氫氧化鈉完全融解,鹼液即完成。(此步驟中,薄荷腦未完全融化是正常的,在後續打皂過程中會逐漸融解。)

4 用溫度計分別測量油脂和鹼液的溫度,二者皆在35℃以下,且溫差在10℃之內,即可混合。(乳皂建議溫度在35℃以下,成皂的顏色會比較白皙。)

5 將步驟2的油脂邊攪拌邊倒入步驟3的鹼液中,持續攪拌30～40分鐘。

6 直到皂液變得略稠(在表面畫8可看見淡淡的字體痕跡)。

7 將精油(薄荷3g、茶樹2g)倒入皂液中,再攪拌300下。

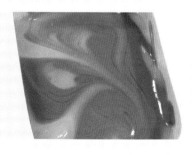

渲染

8 將2/3的皂液先倒入牛奶紙盒中。

9 取50g皂液,分別調好2杯食用色素(黃色、綠色分開調)。

10 將剩下的1/3皂液均分為2鍋,1鍋加入黃色色素液;1鍋加入綠色色素液,並攪拌均勻。

11 先將步驟10打好的黃色皂液入模,用攪拌棒在表面(約1公分的深度)勾出自己喜歡的線條。

12 再將綠色皂液入模,輕輕在表面攪拌。

▶ 薄荷腦可到手工皂專賣店選購,50g約NT$200元。

入模

13 如果之前有剩餘的皂邊，可以放上去當作裝飾。

14 放置約2～3天即可脫模。脫模後，風乾約2～3天可切皂，再放置約3～5星期，完全皂化後即可使用。

娜娜媽小法寶

冷製乳皂建議採開放式風乾，如果怕灰塵，可蓋上一層保鮮膜，約1個月即可使用。之後若需保存，最好用保鮮膜一個一個包起來，以隔絕空氣。

如果家裡溼氣比較重，或是剛好有下雨的話，皂體表面可能會有水珠，那是因為皂中的甘油成分會吸水，只要輕輕拭乾或任它風乾就好（在表面乾燥之前，不可用保鮮膜包起來，否則容易因溼氣而產生皂霜）。

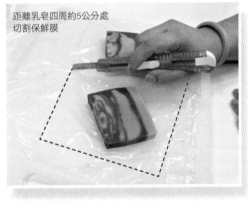

距離乳皂四周約5公分處切割保鮮膜

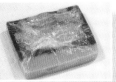

▲用保鮮膜將乳皂完整包覆。

▲保鮮膜要拉平整才會漂亮。

White
Charcoal
Soap

茶樹備長炭乳皂

備長炭可吸附多餘的油脂、髒污，改善出油狀況；而月見草油可舒緩皮膚異常症狀，如：痘疤，或是青春痘所造成的疼痛；再加上廣藿香精油和茶樹精油，兩者同樣有殺菌效果，搭配在一起具加乘作用，對於有痘痘問題者，相當推薦喔！這款乳皂採用「皂中皂」的特殊做法，要分2天才能製作完成，你也可以改用「渲染」或是「分層」的方式製作。

適合膚質

中油性

使用模具

牛奶紙盒

INS硬度

129

material

油脂	extra virgin初榨橄欖油140g（也可用一般的純橄欖油）
	椰子油140g・棕櫚油120g・月見草油100g
	葡萄籽油100g・乳油木果脂100g（總油重700g）
氫氧化鈉	102g
母乳冰塊	220g　（可用牛乳／羊乳／水替代）
開水	20g
添加物	備長炭粉6g（粉請過篩）
精油	茶樹精油7g（約140滴）・廣藿香精油7g（約140滴）

＊以上材料約可做10塊100g的乳皂，如左圖大小。

＊（痘痘肌可改用酪梨油，氫氧化鈉要重算。

STEP BY STEP ˇ

準備

打皂

1 請準備2個牛奶紙盒。

2 將20g開水與6g備長炭粉充分調勻後備用。

3 分別量好橄欖油（70g）、椰子油（70g）、棕櫚油（60g）、月見草油（50g）、葡萄籽油（50g）、乳油木果脂（50g），並將乳油木果脂先隔水加熱融解。（冬天時，椰子油與棕櫚油也要先隔水加熱，才會融化。）

4 將步驟3中所有的油脂倒入不鏽鋼鍋中隔水加熱，讓油脂充分混合後備用。

5 量好110g母乳冰塊，置於不鏽鋼鍋中，將51g氫氧化鈉分3～4次倒入，並快速攪拌，直到氫氧化鈉完全融解，鹼液即完成。

6 用溫度計分別測量油脂和鹼液的溫度，二者皆在35℃以下，且溫差在10℃之內，即可混合。（乳皂建議溫度在35℃以下，成皂的顏色會比較白皙。）

7 將步驟4的油脂邊攪拌邊倒入步驟5的鹼液中，持續攪拌30～40分鐘。

8 直到皂液變得略稠（在表面畫8可看見淡淡的字體痕跡）。

9 將精油（茶樹7g、廣藿香7g）倒入皂液中，再攪拌300下。

10 將步驟2的備長炭液，加入皂液中，攪拌均勻後入模。

皂中皂

距離四周
約0.5公分

11 隔日，將前一天所作的備長炭皂脫模。

12 修整形狀，使備長炭皂縮小一些（距離四周約0.5公分）。

▶ 洗淨力強的備長炭粉，可吸附多餘的油脂與髒污，40g約NT$150元。

外圍皂

13 重複步驟3～9，再打一鍋原色的皂液，打好後先將1/4的皂液倒入牛奶紙盒中。

Point! 多出來的皂液可另外入模，或是做成有色皂邊，下次打皂時，可入皂當裝飾。

入模

14 將步驟12的備長炭皂垂直放入牛奶紙盒中央。

15 用剩下的原色皂液將四周補滿，比備長炭皂高出3公分。

16 放置約2～3天即可脫模。脫模後，風乾約2～3天可切皂，再放置約3～5星期，完全皂化後即可使用。

娜娜媽小法寶

自己親手做乳皂，最有趣的就是可以任意變化，玩出不同的造型！以這款「茶樹備長炭乳皂」為例，除了皂中皂的特殊造型之外，也可以利用備長炭皂液做出渲染的效果，或直接切成片狀入皂。

▲渲染法

▶皂邊切片

Jasmine
& Green
Clay

茉莉綠石泥乳皂

深層清潔 去除粉刺

綠石泥可深層清潔皮膚裡的髒污，搭配清爽的葡萄籽油，特別適合夏天容易出油的肌膚，而且因為使用茉莉浸泡油，還會有淡淡的花香喔！（若不希望迷迭香蓋過茉莉花香，也可不添加精油）這款皂因為有去角質的作用，中油性肌膚建議1週使用2～3次；乾性或敏感性肌膚不可太常使用，約1～2週使用1次即可。此外，綠石泥入皂後會呈現淺綠色，一般建議用量約在6g以內，如果加太多，皂體顏色會變成暗綠色。

適合膚質

中油性

使用模具

牛奶紙盒

INS硬度

130

油脂	茉莉花浸泡橄欖油100g・棕櫚油60g・椰子油60g
	葡萄籽油70g・甜杏仁油60g　（總油重350g）
氫氧化鈉	50g
牛乳冰塊	100g　（可用母乳／羊乳／水替代）
開水	25g
添加物	法國綠石泥6g
精油	迷迭香精油6g（約120滴）

＊以上材料約可做5塊100g的乳皂，如左圖大小。

A. 準備

1 提前1個月，準備好茉莉花浸泡油。（作法請參考P.47）

2 將牛奶紙盒開口封好，並從側邊裁切開口（請參考P.55）。

3 先將所有的油脂量好，倒入不鏽鋼鍋中隔水加熱，讓油脂充分混合後備用。（冬天時，椰子油與棕櫚油要先隔水加熱，才會融化。）

4 牛乳冰塊測量好後，置於不鏽鋼鍋中，將氫氧化鈉分3～4次倒入，並快速攪拌，直到氫氧化鈉完全融解，鹼液即完成。

5 用溫度計分別測量油脂和鹼液的溫度，二者皆在35℃以下，且溫差在10℃之內，即可混合。（乳皂建議溫度在35℃以下，成皂的顏色會比較白皙。）

▶ 可當成天然色素使用的法國綠石泥，具深層清潔的效果，1oz約NT$110元。

B. 打皂

6 將步驟3的油脂邊攪拌邊倒入步驟4的鹼液中，持續攪拌30～40分鐘。

7 直到皂液變得濃稠，似美乃滋狀（在表面畫8可看見字體痕跡）。

8 將精油（迷迭香6g）倒入皂液中，再攪拌300下。

C. 分層

9 將1/3的皂液先倒入牛奶紙盒中，當作第1層分層（原色）。

10 先將15g開水與3g法國綠石泥充分調勻，再倒入剩下的2/3皂液中攪拌（約攪拌2分鐘）。

11 攪拌均勻後，再將一半的皂液倒入牛奶紙盒中，當作第2層分層（淺綠色）。

12 最後將10g開水與3g法國綠石泥調勻

後，倒入剩下的皂液中攪拌（約攪拌2分鐘）。

13 攪拌均勻後，將皂液倒入牛奶紙盒中，當作第3層分層（深綠色）。

入模

14 放置約2～3天即可脫模。脫模後，風乾約2～3天可切皂，再放置約3～5星期，完全皂化後即可使用。

娜娜媽小法寶

記得，如果要做分層皂，皂液必須夠濃稠，做出來的分層才會漂亮喔！除了分層皂之外，也可以改做渲染皂，做法很簡單。

1. 重複前述步驟1～8，打好皂後先將2/3的皂液倒入牛奶紙盒中。

2. 將25g開水與6g法國綠石泥充分調勻，並倒入剩下1/3的皂液中，攪拌約2分鐘。

3. 攪拌均勻後（皂液會變成淺綠色），將皂液沿著邊緣緩緩倒入牛奶紙盒中。把牛奶紙盒輕輕往下敲，讓有色的皂液下沉一些。

4. 最後只要用攪拌棒輕輕攪拌即可。盡量發揮你的創意，多嘗試不同的攪拌深淺度與線條。

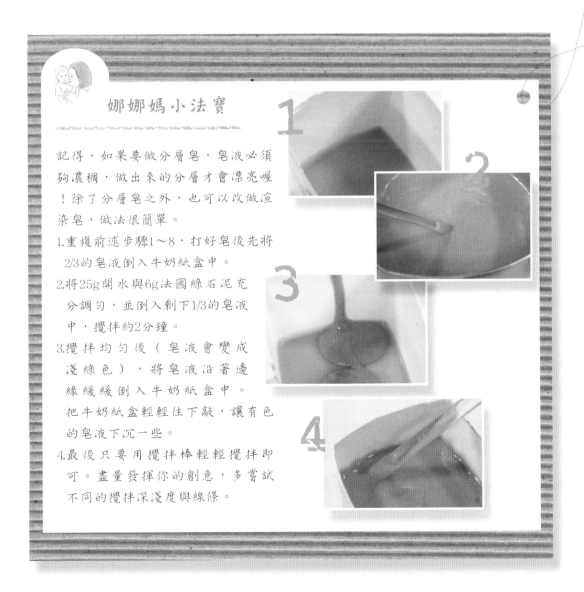

Mung Bean
& Job's Tears

綠豆薏仁乳皂

美白柔膚
抗氧化

老一輩的人都會用綠豆粉洗臉，不但能夠清除臉上的髒污，也有美白的作用，再加上薏仁同樣具有美白的效果，所以這款皂很適合膚色暗沉或蠟黃的人。此外，綠豆粉有輕微去角質的作用，但因皂中加入小麥胚芽油與乳油木果脂，不會有洗後乾澀的問題。綠豆粉跟薏仁粉建議直接買現成的，如果自己用果汁機打碎，會怕粉末不夠細緻。可放幾顆綠豆在表面當裝飾用，但不建議放太多，免得之後堵住水管。

適合膚質
――
中油性

使用模具
――
牛奶紙盒

INS硬度
――
133

material

油脂	extra virgin初榨橄欖油100g（也可用一般的純橄欖油）
	椰子油60g・棕櫚油60g・蓖麻油40g・小麥胚芽油50g
	乳油木果脂40g　（總油重350g）
氫氧化鈉	50g
母乳冰塊	125g　（可用牛乳／羊乳／水替代）
添加物	綠豆粉3g・薏仁粉3g（粉請過篩）・綠豆約15顆
精油	波本天竺葵7g（約140滴）

＊以上材料約可做5塊100g的乳皂，如左圖大小。

準備

1 將牛奶紙盒開口封好，並從側邊裁切開口（請參考P.55）。

2 將所有的油脂量好，並將乳油木果脂先隔水加熱融解。（冬天時，椰子油與棕櫚油也要先隔水加熱，才會融化。）

3 將步驟2中所有的油脂倒入不鏽鋼鍋中隔水加熱，讓油脂充分混合後備用。

4 母乳冰塊測量好後，置於不鏽鋼鍋中，將氫氧化鈉分3～4次倒入，並快速攪拌，直到氫氧化鈉完全融解，鹼液即完成。

5 用溫度計分別測量油脂和鹼液的溫度，二者皆在35℃以下，且溫差在10℃之內，即可混合。（乳皂建議溫度在35℃以下，成皂的顏色會比較白皙。）

分層

9 先將2/3的皂液倒入牛奶紙盒中。

10 將50g皂液與綠豆粉（3g）、薏仁粉（3g）充分調勻。

11 將步驟10調好的粉類添加物倒入剩下的1/3皂液中，並攪拌約2分鐘至均勻為止。然後沿著紙盒邊緣，緩緩倒進去，速度一定要慢，才不會直接掉到下層。

打皂

6 將步驟3的油脂邊攪拌邊倒入步驟4的鹼液中，持續攪拌30～40分鐘。

7 直到皂液變得略稠（在表面畫8可看見淡淡的字體痕跡）。

8 將精油（波本天竺葵7g）倒入皂液中，再攪拌300下。

入模

12 最後灑上少許綠豆顆粒在表面做裝飾。

13 放置約2～3天即可脫模。脫模後，風乾約2～3天可切皂，再放置約3～5星期，完全皂化後即可使用。

Part 4

柔嫩亮采乳皂

光澤美肌從清潔開始

美白是女孩子畢生的功課，
本單元精選5款有美白效果的乳皂，
讓你洗出明亮、擊退暗沉！

Hazelnut
Oil
Soap

入門建議

滲透保濕 抵抗老化

榛果保濕滋養皂

用榛果油做出來的皂，保濕力與滲透力表現皆優，養分可以迅速被肌膚吸收，除了沐浴皂之外，更適合用來洗臉；而且榛果油可以讓手工皂看起來更有質感、更厚實，洗起來泡沫也很細緻。這款皂僅使用4種油品，很適合當作入門皂學習，至於精油的部份不加也沒關係，或是改加自己家中現有的精油也可以（建議用量約為2～3g）。入模時，除了牛奶紙盒之外，如果想要做更多變化，又覺得矽膠模單價太高，也可以選擇塑膠模。（不過入模前建議先用衛生紙沾一點油，塗抹在模具內側，會比較好脫模。）

適合膚質

一般膚質

使用模具

心型塑膠模

INS硬度

135

material

油脂	椰子油65g・棕櫚油65g・甜杏仁油100g
	榛果油120g （總油重350g）
氫氧化鈉	51g
牛乳冰塊	128g （可用母乳 / 羊乳 / 水替代）
精油	白玉蘭葉4g（約80滴）
	波本天竺葵精油3g（約60滴）

＊以上材料約可做5塊100g的乳皂，如左圖大小。

準備

打皂

1　先將所有的油脂量好，倒入不鏽鋼鍋中隔水加熱，讓油脂充分混合後備用。（冬天時，椰子油與棕櫚油要先隔水加熱，才會融化。）

2　牛乳冰塊測量好後，置於不鏽鋼鍋中，將氫氧化鈉分3～4次倒入，並快速攪拌，直到氫氧化鈉完全融解，鹼液即完成。

3　用溫度計分別測量油脂和鹼液的溫度，二者皆在35℃以下，且溫差在10℃之內，即可混合。（乳皂建議溫度在35℃以下，成皂的顏色會比較白皙。）

4　將步驟1的油脂邊攪拌邊倒入步驟2的鹼液中，持續攪拌30～40分鐘。

5　直到皂液變得略稠（在表面畫8可看見淡淡的字體痕跡）。

6　將精油（白玉蘭葉4g、波本天竺葵3g）倒入皂液中，再攪拌300下。

C.

入模

7　將皂液倒入模具中，放置約2～3天即可脫模。

8　脫模後，再風乾約4～6星期，完全皂化後即可使用。

娜娜媽小法寶

固體香膏

利用甜杏仁油、榛果油與蜜蠟（蜜蠟與油的比例為1：4），再加上少許精油，簡單幾個步驟就能做成固體香膏喔！

材料〉

甜杏仁油50g、榛果油50g、蜜蠟25g、精油1g（任意，喜歡的香味即可）。

作法〉

1　將油品與蜜蠟倒進鍋中，以小火隔水加熱，一邊加熱一邊攪拌。

2　所有的材料都融化之後，再加入精油攪拌。

3　倒入容器中，靜置約20分鐘，凝固後即可使用。

善用模具，造型不單調

等你做出興趣之後，牛奶紙盒已經不能滿足你的需求，這時候就可以嘗試各式各樣的模具囉！目前市面上主要的製皂模具分成三種：1.矽膠模、2.塑膠模、3.壓克力模，各有特色，請挑選自己做起來順手的模具。

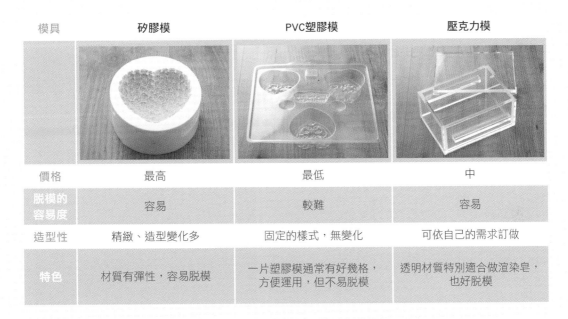

模具	矽膠模	PVC塑膠模	壓克力模
價格	最高	最低	中
脫模的容易度	容易	較難	容易
造型性	精緻、造型變化多	固定的樣式，無變化	可依自己的需求訂做
特色	材質有彈性，容易脫模	一片塑膠模通常有好幾格，方便運用，但不易脫模	透明材質特別適合做渲染皂，也好脫模

使用塑膠模具最常見的問題就是不好脫模，建議入模前先用衛生紙沾一點油，抹在模具上，之後會比較好脫模。但千萬不要抹太厚，因為這部份的油品沒有經過皂化，**若過量殘留在皂上，容易氧化變質**，而影響手工皂的保存。

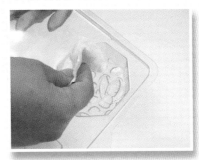

▲先用衛生紙沾點油，抹在塑膠模內側，會比較好脫模。

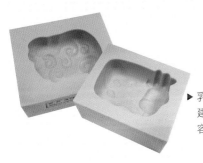

▶乳牛 / 綿羊矽膠模
建議售價：NT＄250元（單個）
容量：乳牛40g / 綿羊35g

Rose Geranium
& Apricot
Kernel

玫瑰杏桃美白皂

汰舊細胞
改善暗沉

杏桃核仁油具有抗氧化的功效，而且滲透性良好，不易阻塞毛孔，能夠迅速被皮膚吸收；開心果油則有防曬、抗老化的作用，白油可讓皂體變得更紮實，洗起來泡沫較綿密。這款美白皂特別加入杏桃核果籽，因為顆粒細小，可達到輕微去角質的功能，又不傷肌膚，很適合用來洗臉。當你使用特殊造型的模具時，必須注意乳皂的硬度（INS值），以這款皂為例，硬度至少要在130以上，否則脫模後皂體表面的小花會不明顯。

適合膚質
————
一般膚質

使用模具
————
心型矽膠模

INS硬度
————
134

material

油脂	椰子油65g・棕櫚油65g・杏桃核仁油100g
	開心果油90g・白油30g　（總油重350g）
氫氧化鈉	51g
牛乳冰塊	128g　（可用母乳 / 羊乳 / 水替代）
添加物	杏桃核果籽3g
精油	波本天竺葵精油7g（約140滴）

＊以上材料約可做5塊100g的乳皂，如左圖大小。

STEP BY STEP ⌄

1 將所有的油脂量好，並將白油先隔水加熱融解。（冬天時，椰子油與棕櫚油也要先隔水加熱，才會融化。）

2 將步驟1中所有的油脂倒入不鏽鋼鍋中隔水加熱，讓油脂充分混合後備用。

3 牛乳冰塊測量好後，置於不鏽鋼鍋中，將氫氧化鈉分3～4次倒入，並快速攪拌，直到氫氧化鈉完全融解，鹼液即完成。

4 用溫度計分別測量油脂和鹼液的溫度，二者皆在35℃以下，且溫差在10℃之內，即可混合。（乳皂建議溫度在35℃以下，成皂的顏色會比較白皙。）

5 將步驟2的油脂邊攪拌邊倒入步驟3的鹼液中，持續攪拌30～40分鐘。

6 直到皂液變得略稠（在表面畫8可看見淡淡的字體痕跡）。

7 將精油（波本天竺葵7g）倒入皂液中，再攪拌300下。

▲ 杏桃核果籽加入皂中有輕微去角質的作用，1oz約NT$100元。

娜娜媽小法寶

大部分的手工皂作法，都是將氫氧化鈉與水攪拌後形成鹼液，但這樣的鹼液溫度通常比較高，所以我們改用「冰塊融鹼」的方式，可降低製作時的溫度，讓整個過程維持在35℃以下。不過，須特別注意的是，如果你攪拌的速度不夠快，氫氧化鈉有可能會黏在鍋底而結塊喔！

分層

入模

8　將2/3的皂液先倒入模具中。

9　將杏桃核果籽倒入剩下的1/3皂液中，並攪拌約2分鐘至均勻為止。然後沿著邊緣，緩緩倒入模具中，速度一定要慢，才不會直接掉到下層。

10　放置約2～3天即可脫模。脫模後，再風乾約4～6星期，完全皂化後即可使用。

生活中隨手可得的製皂模具

除了專業的製皂模具之外，烘焙用的不鏽鋼模具（請勿購買鋁製的），也可以拿來切出不同的皂型；甚至是家中的樂扣盒、塑膠盒，都能當成模具來使用，不但省錢，又能重複使用，只是入模前必須先用衛生紙沾點油，在盒身內側抹上薄薄一層，方便脫模。但是請勿使用布丁盒，因為布丁盒的硬度較高，會很難脫模。

▲ 烘焙用的不鏽鋼模具，也可以用來切出特殊皂形。

Job's Tears
& Angelica
Dahurica

薏仁美白滋養皂

**美白保濕
清爽潔淨**

在皂中加入薏仁、白芷等中藥成分，可溫和的達成美白效果，不但肌膚會變得更加滑嫩，洗起來還有淡淡的薏仁香味，很適合當作洗臉皂使用。尤其是粉紅石泥粉具有輕微去角質的作用，而米糠油的滋潤度很高，山雞椒精油更有收斂、緊實的效果，等於是先去除老廢角質之後，再幫你的肌膚補充需要的養分，讓肌膚恢復明亮與活力。

適合膚質

一般膚質

使用模具

愛心矽膠模

INS硬度

133

material

油脂	椰子油60g‧棕櫚油70g‧米糠油100g
	乳油木果脂80g‧白油40g　（總油重350g）
氫氧化鈉	50g
牛乳冰塊	125g　（可用母乳 / 羊乳 / 水替代）
添加物	薏仁粉2g‧白芷粉2g‧粉紅石泥粉5g（粉請過篩）
精油	山雞椒精油7g（約140滴）

＊以上材料約可做5塊100g的乳皂，如左圖大小。

A. 準備

B. 打皂

1 將所有的油脂量好，並將白油與乳油木果脂先隔水加熱融解。（冬天時，椰子油與棕櫚油也要先隔水加熱，才會融化。）

2 將步驟1中所有的油脂倒入不鏽鋼鍋中隔水加熱，讓油脂充分混合後備用。

3 牛乳冰塊測量好後，置於不鏽鋼鍋中，將氫氧化鈉分3～4次倒入，並快速攪拌，直到氫氧化鈉完全融解，鹼液即完成。

4 用溫度計分別測量油脂和鹼液的溫度，二者皆在35℃以下，且溫差在10℃之內，即可混合。（乳皂建議溫度在35℃以下，成皂的顏色會比較白皙。）

5 將步驟2的油脂邊攪拌邊倒入步驟3的鹼液中，持續攪拌30～40分鐘。

6 直到皂液變得略稠（在表面畫8可看見淡淡的字體痕跡）。

7 將精油（山雞椒7g）倒入皂液中，再攪拌300下。

D. 入模

11 放置約2～3天即可脫模。脫模後，再風乾約4～6星期，完全皂化後即可使用。åáâ

C. 分層

8 將2/3的皂液先倒入模具中。

9 將50g皂液與薏仁粉（2g）、白芷粉（2g）、粉紅石泥粉（5g）充分調勻。

10 將步驟9調好的粉類添加物倒入剩下的1/3皂液中，並攪拌約3分鐘至均勻為止。然後沿著邊緣，緩緩倒入模具中，速度一定要慢，才不會直接掉到下層。

娜娜媽小法寶

為了避免薏仁與白芷粉變成顆粒狀，請過篩後，再加入皂液中攪拌。

可讓皂液變色的添加物

蜂蜜　　　　　咖啡　　　　　葡萄籽　　　　　綠茶　　　　　綠豆粉　　　　　薏仁粉

中藥美白粉　　備長炭粉　　　何首烏粉　　　野生可樂果粉　有機蕁麻葉粉　　抹草粉

有機胭脂樹粉　有機紫錐花粉　粉紅石泥粉　　綠石泥粉　　　紫草　　　　　左手香

添加物量越多，皂液顏色會越深。

在閱讀前幾單元的步驟教學時，你可能會有疑問：「分層的皂液一定要剛剛好1/2或是1/3嗎？」其實，各色皂液份量的拿捏，取決於你想呈現的造型，並沒有硬性規定"有色皂液"的佔比，至於要分幾層，以及分層的順序，也都是依你的喜好而定，這樣的高可塑性正是做手工乳皂的樂趣之一，就讓自己大膽地玩顏色、玩創意吧！

雙層皂

三層皂

多層皂

Grape
Seed
Oil

抵抗氧化 恢復光澤 葡萄籽多酚乳皂

葡萄籽具有抗氧化及去角質的功效，再加上甜杏仁油及酪梨油的高滋潤度，能夠讓肌膚變得更有光澤，**而且因為顆粒很細，可以直接加到皂液中，不用另外加水攪勻，一般手工皂專賣店就買得到。基本上，大部分的乳皂配方中，精油不是非加不可，有時候我們是取其功效，有時候我們是為了它的香味，如果家中沒有精油，省略不加也沒關係。**

適合膚質
———

一般膚質

使用模具
———

牛奶紙盒

INS硬度
———

130

material

油脂	extra virgin初榨橄欖油60g（也可用一般的純橄欖油）
	甜杏仁油70g‧酪梨油40g‧椰子油60g‧棕櫚油60g
	葡萄籽油60g　（總油重350g）
氫氧化鈉	50g
牛乳冰塊	125g　（可用母乳／羊乳／水替代）
添加物	葡萄籽顆粒3g（事先打成細末）
精油	薰衣草精油3g（約60滴）‧芳樟精油4g（約80滴）

＊以上材料約可做5塊100g的乳皂，如左圖大小。

STEP BY STEP

A. 準備

1 將牛奶紙盒開口封好，並從側邊裁切開口（請參考P.55）。

2 先將所有的油脂量好，倒入不鏽鋼鍋中隔水加熱，讓油脂充分混合後備用。（冬天時，椰子油與棕櫚油要先隔水加熱，才會融化。）

3 牛乳冰塊測量好後，置於不鏽鋼鍋中，將氫氧化鈉分3～4次倒入，並快速攪拌，直到氫氧化鈉完全融解，鹼液即完成。

4 用溫度計分別測量油脂和鹼液的溫度，二者皆在35℃以下，且溫差在10℃之內，即可混合。（乳皂建議溫度在35℃以下，成皂的顏色會比較白皙。）

▲ 可選購葡萄籽顆粒，再用果汁機打成粉末狀備用，或直接購買葡萄籽粉。

B. 打皂

5 將步驟2的油脂邊攪拌邊倒入步驟3的鹼液中，持續攪拌30～40分鐘。

6 直到皂液變得略稠（在表面畫8可看見淡淡的字體痕跡）。

7 將精油（薰衣草3g、芳樟4g）倒入皂液中，再攪拌300下。

C. 分層

8 將1/3的皂液先倒入牛奶紙盒中。

9 再取1/3的皂液，加入葡萄籽細末，均勻攪拌約2分鐘後，倒入牛奶紙盒中，當作第2層分層。請沿著紙盒邊緣，緩緩倒進去，速度一定要慢，才不會直接掉到下層。

入模

10 最後將剩下的1/3皂液，也倒入牛奶紙盒中，放置約2～3天即可脫模。

11 脫模後，風乾約2～3天可切皂，再放置約3～5星期，完全皂化後即可使用。

娜娜媽小法寶

用乳皂作畫－分層法

「分層法」的基礎原理是將皂液打好之後，取出部分皂液，加入具有顏色的添加物，使皂液變色，然後入模時，再一層一層倒進去。如果你希望分層的界限是清楚的，皂液一定要有足夠的濃稠度再入模，而且動作必須輕緩，沿著邊緣慢慢倒進去，才不會導致第二層皂液直接灌入第一層皂液中，而失去分層的效果。

▲ 準備粉類添加物

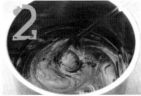
▲ 調色

▲ 分層入模

皂液分層的方式有很多種，而本篇「葡萄籽多酚乳皂」的分層作法，是將皂液分成三份，其中一份加入葡萄籽顆粒，製造出不同顏色的皂液，再像做三明治一樣，將有色的這層皂液夾在中間。其實，你不一定要完全照著我的方式做，只要了解基本原理之後，可以盡量嘗試不同的變化，發揮你的創意，說不定能做出令人驚喜的手工皂喔！

Pot Marigold
Whitening
Soap

美白淡斑
肌膚再生

金盞花五白乳皂

金盞花本身即具有淡斑、美白的功效，再加上包含白芷、白蘞、珍珠粉等10幾種中藥材的五白粉（又稱為「玉蓉散」，可到一般中藥行購買，名稱與詳細成分可能大同小異。），可強化美白肌膚的效果，對於過敏肌膚也很好。因為中藥五白粉入皂後，會使皂液顏色偏暗橘，等於是天然的色素，所以這款皂我們可以來嘗試「分層」的作法，讓手工皂外觀更有變化。

適合膚質
——————
一般膚質

使用模具
——————
牛奶紙盒

INS硬度
——————

137

material

油脂	金盞花浸泡橄欖油100g．椰子油60g
	棕櫚油60g．可可脂50g．玫瑰果油30g
	杏桃核仁油50g　（總油重350g）
氫氧化鈉	51g
母乳冰塊	130g　（可用牛乳 / 羊乳 / 水替代）
添加物	中藥五白粉5g（粉請過篩）

＊以上材料約可做5塊100g的乳皂，如左圖大小。

STEP BY STEP

準備

打皂

1 提前1個月，準備好金盞花浸泡油。（作法請參見P.47）

2 將牛奶紙盒開口封好，並從側邊裁切開口（請參考P.55）。

3 將所有的油脂量好，並將可可脂先隔水加熱融解。（冬天時，椰子油與棕櫚油也要先隔水加熱，才會融化。）

4 將步驟3中所有的油脂倒入不鏽鋼鍋中隔水加熱，讓油脂充分混合後備用。

5 母乳冰塊測量好後，置於不鏽鋼鍋中，將氫氧化鈉分3～4次倒入，並快速攪拌，直到氫氧化鈉完全融解，鹼液即完成。

6 用溫度計分別測量油脂和鹼液的溫度，二者皆在35℃以下，且溫差在10℃之內，即可混合。（乳皂建議溫度在35℃以下，成皂的顏色會比較白皙。）

7 將步驟4的油脂邊攪拌邊倒入步驟5的鹼液中，持續攪拌30～40分鐘。

8 直到皂液變得略稠（在表面畫 8 可看見淡淡的字體痕跡）。

C.
分層

9 將過篩後的5g中藥五白粉與50g皂液充分調勻後備用。

10 接著，將2/3的皂液先倒入牛奶紙盒中。

11 將步驟9調好的五白粉倒入剩下的1/3皂液中，並攪拌約3分鐘至均勻為止。然後沿著紙盒邊緣，緩緩倒進去，速度一定要慢，才不會直接掉到下層。

娜娜媽小法寶

中藥五白粉一定要先過篩再加入皂液中攪拌，否則易變成顆粒狀。

入模

12 放置約2～3天即可脫模。脫模後，風乾約2～3天可切皂，再放置約3～5星期，完全皂化後即可使用。

Part 5

修復護理乳皂

跟問題肌膚say no！

如果你有痘痘、皮膚乾癢、皮膚炎等問題，
本單元中具修復、鎮定作用的5款乳皂，
為你改善肌膚惱人的不適症狀。

Lithospermum
Erythrorhizon
Soap

入門建議

魔力紫草乳皂

**收斂修復
改善溼疹**

紫草具有收斂、修復、滋潤等功用，並能舒緩蚊蟲叮咬之不適感，對於溼疹也有不錯的改善效果。通常紫草會做成浸泡油來使用，不僅可將養分釋放到油裡，同時也是一種天然色素（紫草量越多，做出來的皂體顏色就越深），但浸泡油必須反覆過濾2次之後再使用（紫草根的殘渣需過濾乾淨）。此外，紫草與橄欖油的比例建議為1：5（60g紫草＋300g橄欖油），如果有剩下的浸泡油，還可以拿來作紫草膏喔！

適合膚質
———
一般膚質

使用模具
———
圓形矽膠模

INS硬度
———
138

material

material

油脂	紫草浸泡橄欖油155g・椰子油65g・棕櫚油65g
	芝麻油65g （總油重350g）
氫氧化鈉	51g
牛乳冰塊	128g （可用母乳／羊乳／水替代）
精油	藍膠尤加利精油7g（約140滴）

＊以上材料約可做6塊80g的乳皂，如左圖大小。

A.

準備

1. 先將所有的油脂量好，倒入不鏽鋼鍋中隔水加熱，讓油脂充分混合後備用。（冬天時，椰子油與棕櫚油要先隔水加熱，才會融化。）

2. 牛乳冰塊測量好後，置於不鏽鋼鍋中，將氫氧化鈉分3～4次倒入，並快速攪拌，直到氫氧化鈉完全融解，鹼液即完成。

3. 用溫度計分別測量油脂和鹼液的溫度，二者皆在35℃以下，且溫差在10℃之內，即可混合。（乳皂建議溫度在35℃以下，成皂的顏色會比較白皙。）

B.

打皂

4. 將步驟1的油脂邊攪拌邊倒入步驟2的鹼液中，持續攪拌30～40分鐘。

5. 直到皂液變得略稠（在表面畫8可看見淡淡的字體痕跡）。

6. 將精油（藍膠尤加利7g）倒入皂液中，再攪拌300下。

C.

入模

7. 將皂液倒入模具中，若有之前剩下的皂邊，可搓成圓球或是切片當裝飾。

8. 放置約2～3天即可脫模。脫模後，再風乾約4～6星期，完全皂化後即可使用。

▲ 紫草根可到中藥行購買，
1台斤約NT$250元。

娜娜媽小法寶

如果有多的紫草浸泡油，只要再加上甜杏仁油、蜜蠟、乳油木果脂，就能做成紫草膏囉！

紫草膏

功效〉
舒緩蚊蟲叮咬之不適，治療創傷。

材料〉
紫草浸泡油30g，甜杏仁油10g，蜜蠟12g，乳油木果脂10g，尤加利精油1g，薄荷精油1g。

作法〉

1 將紫草浸泡油、甜杏仁油、蜜蠟、乳油木果脂倒進鍋中。

2 以小火隔水加熱，一邊加熱一邊攪拌。

3 所有的材料都融化之後，再加入精油（尤加利、薄荷）攪拌，然後倒入容器中，靜置約20分鐘，凝固後即可使用。

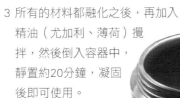

Pogostemon
Cablin
Benth

質純溫和
鎮定修復

草本左手香乳皂

左手香屬於質純溫和的
天然草本植物，對於
鎮定、修復肌膚有卓越
功效，特別適合問題肌
膚使用。通常建議選用新鮮
的左手香，再用果汁機加水後打成泥（因為含有
水分，所以也計入配方的水量之中），或是直接購買廣
藿香精油（左手香的別名）。另外，要特別提醒的是，
如果要在皂中加入新鮮食材，INS硬度最好保持在140以
上，才不易軟爛，比較能夠保存。

適合膚質

敏感性

使用模具

小雞塑膠模

INS硬度

134

material

油脂	extra virgin初榨橄欖油80g（也可用一般的純橄欖油）
	椰子油60g・棕櫚油60g・酪梨油80g・荷荷巴油20g
	乳油木果脂50g　（總油重350g）
氫氧化鈉	49g
羊乳冰塊	100g　（可用母乳／牛乳／水替代）
添加物	新鮮左手香泥25g
精油	廣藿香精油7g（約140滴）

＊以上材料約可做5塊100g的乳皂，如左圖大小。

準備

打皂

1 將所有的油脂量好，並將乳油木果脂先隔水加熱融解。（冬天時，椰子油與棕櫚油也要先隔水加熱，才會融化。）

2 將步驟1中所有的油脂倒入不鏽鋼鍋中隔水加熱，讓油脂充分混合後備用。

3 羊乳冰塊測量好後，置於不鏽鋼鍋中，將氫氧化鈉分3～4次倒入，並快速攪拌，直到氫氧化鈉完全融解，鹼液即完成。

4 用溫度計分別測量油脂和鹼液的溫度，二者皆在35℃以下，且溫差在10℃之內，即可混合。（乳皂建議溫度在35℃以下，成皂的顏色會比較白皙。）

5 將步驟2的油脂邊攪拌邊倒入步驟3的鹼液中，持續攪拌30分鐘。

6 將左手香泥緩緩加入皂液中，再攪拌5～10分鐘。（注意！如果沒有攪拌均勻，易導致皂化不夠完全）

7 直到皂液變得略稠（在表面畫8可看見淡淡的字體痕跡）。

8 將精油（廣藿香7g）倒入皂液中，再攪拌300下。

入模

9 先以衛生紙沾一點油，擦拭模具內側，再將皂液倒入模具中。

10 放置約2～3天即可脫模。脫模後，再放置約4～6星期，完全皂化後即可使用。

娜娜媽小法寶

因為這款乳皂大多是針對問題肌膚，建議選用新鮮的左手香（可到花市選購）。約需準備5g新鮮左手香，以及20g開水，放入果汁機中打碎成泥後備用。

天然乳香皂，揮別皮膚問題

我從青春期開始，只要流汗背部就會奇癢無比，甚至是洗完澡後依舊癢個不停。尤其夏天情況更為嚴重，還長了許多紅紅的痘子。因為洗後搔癢的情形到了秋冬仍未改善，我以為自己把身體的油脂給洗掉了，於是擦上保濕乳液，沒想到背部卻開始長痘子及粉刺。

看過無數次的皮膚科醫生，除了發作時吃藥、擦藥之外，幾乎沒有辦法根治，感覺皮膚一年四季都在這樣鬼打牆的循環下不停惡化。直到一次偶然的機會，**我開始使用娜娜媽的母乳手工皂，洗了一周後背部居然神奇地停止發癢，也不需要抹乳液，有種既清爽又舒服的感覺。**

現在，我的背部非常光滑，更不再莫名其妙亂長痘子了。相信「天然ㄟ尚好」的母乳皂不僅能有效改善皮膚狀況，而且以環保的概念來看，減少使用市售化學性清潔用品，也是對大自然盡一份心力喔！

Joyce

對於擦過無數種皮膚癢藥的我來說，已經試到沒信心了，雖然皮膚科的藥不是沒效，但總是有擦就好一點，沒擦又開始癢。之前曾經有朋友看到我身上常一粒一粒紅紅的，就拿其他品牌的肥皂給我洗洗看，雖然有比以前好一點，但洗完後卻覺得皮膚太乾、不夠滋潤。不過這次經驗讓我認識手工皂，也開始上網尋找「更好的」。

看過各式各樣的手工皂，有顏色鮮豔的、造型特殊的…但娜娜媽的手工皂看起來非常天然、質樸，這種感覺就是我要的。剛開始，我只敢先從最溫和的乳油木洋甘菊皂用起，確定不會過敏之後，才開始替換左手香乳皂。**用了3天之後，就有明顯的改變，疹子慢慢退了，洗完澡皮膚也不再發癢。**現在，每天我都跟我最小的寶貝一起洗喔！

蓁小姐

Herb
& Citronella
Soap

抹草香茅乳皂

抹草與艾草能夠做出溫和、不刺激的乳皂，對皮膚病有不錯的療效，民間更傳說具有避邪、保平安的作用，因此這款乳皂一直廣受大家喜愛（目前網路上賣的「平安皂」，多為化學皂基製成，看起來會有點透明）。曾有許多朋友跟我反應，容易被蚊蟲叮咬或有異位性皮膚炎的小朋友，洗了之後狀況都有改善，甚至小朋友會變得比較好睡。（抹草跟艾草可以到中藥行購買現成的粉末）

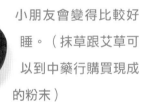

適合膚質
——
**敏感性
及嬰兒肌膚**

使用模具
——
牛奶紙盒

INS硬度
——
135

material

油脂	extra virgin初榨橄欖油80g（也可用一般的純橄欖油）
	椰子油60g‧棕櫚油70g‧甜杏仁油60g
	荷荷巴油20g‧乳油木果脂60g （總油重350g）
氫氧化鈉	49g
牛乳冰塊	125g （可用母乳／羊乳／水替代）
添加物	抹草粉‧艾草粉各3g （或單一種6g）（粉請過篩）
精油	草本複方防蚊精油7g（約140滴）

＊以上材料約可做15塊30g的乳皂，如左圖大小。

準備

1　將所有的油脂量好，並將乳油木果脂先隔水加熱融解。（冬天時，椰子油與棕櫚油也要先隔水加熱，才會融化。）

2　將步驟1中所有的油脂倒入不鏽鋼鍋中隔水加熱，讓油脂充分混合後備用。

3　牛乳冰塊測量好後，置於不鏽鋼鍋中，將氫氧化鈉分3～4次倒入，並快速攪拌，直到氫氧化鈉完全融解，鹼液即完成。

4　用溫度計分別測量油脂和鹼液的溫度，二者皆在35℃以下，且溫差在10℃之內，即可混合。（乳皂建議溫度在35℃以下，成皂的顏色會比較白皙。）

分層

8　將2/3的皂液先倒入牛奶紙盒中。

9　將50g皂液與抹草粉（3g）、艾草粉（3g）充分調勻。

10　將步驟9調好的粉類添加物倒入剩下的1/3皂液中，攪拌約3分鐘至均勻為止。然後沿著邊緣，緩緩倒入牛奶紙盒，並用訂書機封口。（如果是用母乳製皂，因為皂化溫度較高，所以牛奶紙盒不用封起來。）

打皂

5　將步驟2的油脂邊攪拌邊倒入步驟3的鹼液中，持續攪拌30～40分鐘。

6　直到皂液變得略稠（在表面畫8可看見淡淡的字體痕跡）。

7　將精油（草本複方防蚊精油7g）倒入皂液中，再攪拌300下。

入模

11　約2～3天後脫模，再風乾約2～3天。將乳皂切片（每塊約30g大小），分別搓成圓球，並壓成餅狀。

12　最後風乾3～5星期，完全皂化後即可使用。

娜娜媽小法寶

加入皂基的皂因為含有酒精成分，所以洗完後皮膚會感覺乾燥、緊繃，雖然價格比較便宜，但洗感與保濕度遠不如冷製皂。

享受乳香皂幸福的好滋味

我很早就聽說使用母乳皂對皮膚很好，但是由於自己沒生baby，所以也不可能有母乳，有一天上Yahoo拍賣搜尋，結果找到了娜娜媽的手工母乳皂，我還很呆地問娜娜媽：「可以不用自己準備母乳嗎？」幸好不用！於是我就下標買了幾塊不同成分的母乳皂。

有同事聽說我使用母乳皂，她們常有的疑問是「不會有奶腥味嗎？」「用別人的奶不會怪怪的嗎？」事實上，母乳皂不但不會有腥味，而且洗起來泡沫很細緻，再加上娜娜媽研發了很多不同「口味」的母乳皂，讓我每次都很期待使用新皂。至於「別人的奶」的問題，如果沒有別人願意貢獻的話，我可能就沒有機會用到母乳皂了呢！想到別人的善意，洗起來就更有幸福感了。

宜蘭 張小姐

去年，我在網路上無意間看到娜娜媽的手工母乳皂，當時心想「真可惜，沒機會用用看珍貴的母乳皂」。幾個月後，意外得到一趟短期回台的行程，才有機會開始使用娜娜媽的手工皂。

過去3個月來，生活上出現了一點小小的變化，**天天都有白雪般細緻的泡沫，小心翼翼呵護著每一吋肌膚，讓我的皮膚恢復嬰兒般的柔嫩。**現在，雖然一家人搶著洗母乳皂，但是，我們好幸福！

大娘

母乳香皂？我原本從未聽說，但自從生了小米之後，才開始去了解母乳，也發現了母乳皂的好處。在眾多手工皂中，我選擇了娜娜媽的手工母乳皂，我期待用自己的母乳，為4個月大的女兒，做她專屬的母乳香皂…

後來我跟家人一起參加母乳皂課程，學做雙色皂（終於見到娜娜媽，長的可愛，人又親切），原本以為參加的學員都是媽媽，想不到多數都是未婚小姐。娜娜媽為大家準備所需的材料，一個個步驟教我們如何製作，同時細心地告訴我們要注意 些安 事宜，如：氫氧化鈉濺出來會有危險。當天也了解到乳皂所用的基油，會隨著不同的「口味」、「功能」而有所不同，並不是以同一種基油完成所有的皂。

雖然，請娜娜媽代製或是買現成的皂，可以少去很多麻煩及時間，**但學習的感覺是更快樂的！**

蘇中淳

Annatto
& Echinacea

草本雙色橘綠皂

改善痘痘 鎮靜消炎

橘綠皂加入2種植物研磨粉，具有抗氧化、深層清潔、鎮靜消炎等功效，有助於改善痘痘問題；再加上富含維他命E的小麥胚芽油，可避免產生痘疤，或是促進疤痕癒合。這款皂的作法比較複雜，必須前一天先打好兩鍋皂（一鍋加胭脂樹粉，皂液是橘色的；一鍋加低溫艾草粉，皂液是綠色的），入模後備用。隔天再把剩下的材料打一鍋皂（原色），並將前一天的皂拆開後切成片狀，放入新打好的皂液中做裝飾。

適合膚質

**痘痘及
敏感性肌膚**

使用模具

牛奶紙盒

INS硬度

135

material		
油脂	酪梨油160g‧椰子油120g‧棕櫚油120g‧小麥胚芽油80g	
	澳洲胡桃油100g‧乳油木果脂120g （總油重700g）	
氫氧化鈉	102g	
母乳冰塊	250g （可用牛乳／羊乳／水替代）	
添加物	胭脂樹粉3g‧低溫艾草粉3g （粉請過篩）	
精油	尤佳利精油7g（約140滴）‧檸檬草精油7g（約140滴）	

＊以上材料約可做10塊100g的乳皂，如左圖大小。

A.

準備

B.

打皂

1 請準備3個牛奶紙盒，其中一個需將開口封好，並從側邊裁切開口（請參考P.55）。

2 分別量好酪梨油（80g）、椰子油（60g）、棕櫚油（60g）、小麥胚芽油（40g）、澳洲胡桃油（50g）、乳油木果脂（60g），並將乳油木果脂先隔水加熱融解。（冬天時，椰子油與棕櫚油也要先隔水加熱，才會融化。）

3 將步驟2中所有的油脂倒入不鏽鋼鍋中隔水加熱，讓油脂充分混合後備用。

4 量好250g母乳冰塊，置於不鏽鋼鍋中，將102g氫氧化鈉分3～4次倒入，並快速攪拌，直到氫氧化鈉完全融解，鹼液即完成。

5 用溫度計分別測量油脂和鹼液的溫度，二者皆在35℃以下，且溫差在10℃之內，即可混合。（乳皂建議溫度在35℃以下，成皂的顏色會比較白皙。）

6 將步驟3的油脂邊攪拌邊倒入步驟4的鹼液中，持續攪拌30～40分鐘。

7 直到皂液變得略稠（在表面畫8可看見淡淡的字體痕跡）。

8 將精油（尤佳利7g、檸檬草7g）倒入皂液中，再攪拌300下。

C.

調色

9 將皂液平均分為兩鍋。

10 先將50g皂液與3g胭脂樹粉充分調勻後，再倒入其中一鍋皂液裡攪拌均勻，直到皂液呈現橘色。

11 再將50g皂液與3g低溫艾草粉充分調勻後，倒入另一鍋皂液中攪拌均勻，直到皂液呈現綠色。

12 將步驟10與步驟11的皂液分別倒入兩個直的牛奶紙盒中備用。

D. 變化

E. 入模

13 隔天重複步驟2～8，打一鍋原色的皂液，完成後先倒入橫的牛奶紙盒中（側邊開口）。

14 將前一天做的胭脂樹粉皂（步驟10）、低溫艾草粉皂（步驟11）脫模，並切成片狀。

15 切片後，將兩種顏色的皂片輪流放入牛奶紙盒中。

16 放置約2～3天即可脫模。脫模後，風乾約2～3天可切皂，再放置約3～5星期，完全皂化後即可使用。

娜娜媽小法寶

許多粉類入皂後，都會使皂液的顏色改變，所以平常製皂時，如果有多餘的皂液，可以加一些有色的粉類，入模備用。之後用來裝飾，可讓皂體顏色看起來更加豐富。

▶ 低溫艾草粉（綠）：50g約NT$170元。
胭脂樹粉（橘）：50g約NT$170元。

Sweet Almond
& Avocado

甜杏仁酪梨乳皂

改善皮膚
乾燥發癢

酪梨油本身就是很滋潤的油脂，又可以深層清潔皮膚裡的髒污（有些人會拿來做卸妝皂），很適合乾性或有皮膚炎問題的肌膚；再搭配溫和滋潤的甜杏仁油，以及滲透力高的荷荷巴油，有助於改善皮膚乾燥、發癢等症狀。有時候我們為了塑型，會切下多餘的皂邊，千萬別隨意丟棄喔！這些皂邊不但可以集合起來，揉成圓餅狀，風乾1個月後再使用；也可以做點小加工，如：切片、切條、刨絲，或是搓成小圓球備用，等到下次製皂時，再放入皂中當裝飾，既省錢又環保！（請參見P.123）

適合膚質

中油性

使用模具

牛奶紙盒

INS硬度

130

material

油脂	椰子油60g・棕櫚油70g・甜杏仁油100g
	酪梨油100g・荷荷巴油20g　（總油重350g）
氫氧化鈉	50g
羊乳冰塊	125g　（可用母乳／牛乳／水替代）
添加物	綠色皂條、白色皂條（數量隨意）

＊以上材料約可做5塊100g的乳皂，如左圖大小。

A.

準備

1 將牛奶紙盒開口封好,並從側邊裁切開口(請參考P.55)。

2 先將所有的油脂量好,倒入不鏽鋼鍋中隔水加熱,讓油脂充分混合後備用。(冬天時,椰子油與棕櫚油要先隔水加熱,才會融化。)

3 羊乳冰塊測量好後,置於不鏽鋼鍋中,將氫氧化鈉分3~4次倒入,並快速攪拌,直到氫氧化鈉完全融解,鹼液即完成。

4 用溫度計分別測量油脂和鹼液的溫度,二者皆在35℃以下,且溫差在10℃之內,即可混合。(乳皂建議溫度在35℃以下,成皂的顏色會比較白皙。)

B.

打皂

5 將步驟2的油脂邊攪拌邊倒入步驟3的鹼液中,持續攪拌30~40分鐘。

6 直到皂液變得略稠(在表面畫8可看見淡淡的字體痕跡)。

C.

入模

7 最後可以加入一些之前剩下的皂邊(需有顏色),增加乳皂的變化。

8 放置約2~3天即可脫模。脫模後,風乾約2~3天可切皂,再放置約3~5星期,完全皂化後即可使用。

娜娜媽小法寶

只要手工皂的表面平整,皂面呈現同一個顏色,沒有浮油,基本上就是成功的手工皂。但因為手工皂沒有添加防腐劑,請在10~12個月內使用完畢喔!如果手工皂已出現局部泛黃或油耗味,代表手工皂已經變質,請勿再使用。

▶ 變質的手工皂

Part 6

煥新潔淨乳皂

加速代謝老廢角質

若老廢角質太厚，擦再多保養品也沒用，
本單元特選5款具去角質功效的乳皂，
讓你的肌膚細胞汰舊換新、恢復活力！

Osmanthu
Fragrans
& Shea Butter

溫和去角質
保濕滋潤

桂花乳油木乳皂

這款乳皂特別加入桂花，除了香氣有助於放鬆心情之外，也因為添加花草，可有輕微的去角質作用，不會太過刺激，再加上珍貴的乳油木果脂及澳洲胡桃油，給肌膚強效滋潤，很適合換季或是冬天時使用。尤其乳油木是近年各大保養品牌相當推崇的油脂，不但滋潤度夠，又有保濕、修護肌膚的作用，不過油品單價也較高。

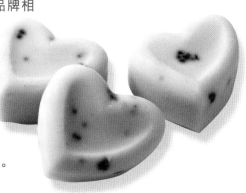

適合膚質

中乾性

使用模具

口金包矽膠模

INS硬度

146

material

油脂	椰子油60g・棕櫚油60g・澳洲胡桃油100g
	乳油木果脂130g　（總油重350g）
氫氧化鈉	50g
母乳冰塊	125g　（可用牛乳 / 羊乳 / 水替代）
添加物	桂花1g
精油	Miaroma 環保香氛——桂花吟 7g　（約140滴）

＊以上材料約可做5塊100g的乳皂，如左圖大小。

準備

打皂

1　將所有的油脂量好，並將乳油木果脂先隔水加熱融解。（冬天時，椰子油與棕櫚油也要先隔水加熱，才會融化。）

2　將步驟1中所有的油脂倒入不鏽鋼鍋中隔水加熱，讓油脂充分混合後備用。

3　母乳冰塊測量好後，置於不鏽鋼鍋中，將氫氧化鈉分3～4次倒入，並快速攪拌，直到氫氧化鈉完全融解，鹼液即完成。

4　用溫度計分別測量油脂和鹼液的溫度，二者皆在35℃以下，且溫差在10℃之內，即可混合。（乳皂建議溫度在35℃以下，成皂的顏色會比較白皙。）

5　將步驟2的油脂邊攪拌邊倒入步驟3的鹼液中，持續攪拌30～40分鐘。

6　直到皂液變得略稠（在表面畫 8 可看見淡淡的字體痕跡）。

7　將精油（桂花吟7g）倒入皂液中，再攪拌300下。

8　最後將桂花花瓣加入皂液中，攪拌均勻。

入模

8　將皂液倒入模具中，放置約2～3天即可脫模。脫模後，再風乾約4～6星期，完全皂化後即可使用。

娜娜媽小法寶

桂花不建議加太多，因為入皂後會變成偏褐色，如果過量添加，會讓整個皂體看起來黑黑的，影響手工皂的美感，所以只要讓皂液裡能夠看到少許的桂花花瓣即可。（乾燥的桂花可以到花茶店購買。）

玩出創意 — 渲染法

渲染的做法跟分層法有點類似，但分層法是將各色皂液逐層疊上去，而渲染法則是讓不同的顏色融合在一起，藉由攪拌的動作，使皂液呈現出不規則的圖樣，就像是用畫筆作畫一樣，可以盡情揮灑，有時可做出令人驚喜的作品喔！

▶ 可用竹籤畫出喜歡的花樣。

僅在表面輕輕攪拌的表層渲染皂

攪拌較深的深層渲染皂

不僅如此，還有一種「倒入渲染法」。只需將皂液分為2鍋，其中1鍋加入有色添加物攪拌均勻後，先倒入裝有原色皂液的鍋子裡，無須攪拌，直接入模。這種方式做出來的皂，又跟前述的攪拌渲染不太一樣，別有一番風味。

▲ 將有色皂液倒入原色皂液中。

▲ 不用攪拌，直接入模。

▲ 渲染的花紋會佈滿整個皂面。

Rosehip
& Evening
Primrose

玫瑰月見草皂

煥膚收斂
回復彈力

這款乳皂是針對需要修護的肌膚，玫瑰果粉具有不錯的
去角質功效，但又不會太刺激；月見草油有修復作用，
可以讓肌膚摸起來更有彈性；而杏桃核仁油則可改善肌
膚蠟黃的問題。除了玫瑰果油跟玫瑰果粉之外，配方中
更特別加入玫瑰浸泡油，做出來的乳皂會帶有一點玫瑰
的香味。（浸泡橄欖油所
使用的玫瑰，必須是一般
泡花茶的小朵玫瑰；如果
沒有時間做浸泡油，也可
以只加入橄欖油就好。）

適合膚質
———
一般膚質

使用模具
———
牛奶紙盒

INS硬度

121

material

油脂	玫瑰浸泡橄欖油50g・椰子油65g・棕櫚油65g
	玫瑰果油50g・白油50g・月見草油40g
	杏桃核仁油30g （總油重350g）
氫氧化鈉	51g
母乳冰塊	128g （可用牛乳 / 羊乳 / 水替代）
添加物	玫瑰果粉4g（粉請過篩）

＊以上材料約可做6塊80g的乳皂，如左圖大小。

A.

準備

1 提前1個月，準備好玫瑰花浸泡油。
（作法請參見P.47）

2 將牛奶紙盒開口封好，並從側邊裁切開口（請參考P.55）。

3 先將所有的油脂量好，倒入不鏽鋼鍋中隔水加熱，讓油脂充分混合後備用。（冬天時，椰子油與棕櫚油要先隔水加熱，才會融化。）

4 母乳冰塊測量好後，置於不鏽鋼鍋中，將氫氧化鈉分3～4次倒入，並快速攪拌，直到氫氧化鈉完全融解，鹼液即完成。

5 用溫度計分別測量油脂和鹼液的溫度，二者皆在35℃以下，且溫差在10℃之內，即可混合。（乳皂建議溫度在35℃以下，成皂的顏色會比較白皙。）

B.

打皂

6 將步驟3的油脂邊攪拌邊倒入步驟4的鹼液中，持續攪拌30～40分鐘。

7 直到皂液變得略稠（在表面畫8可看見淡淡的字體痕跡）。

C.

分層

8 先將1/3的皂液倒入牛奶紙盒中，然後在皂液表面均勻灑上約2g的玫瑰果粉（用小濾網過篩。）

9 再倒入1/3的皂液，同樣在皂液表面均勻灑上約2g過篩後的玫瑰果粉。

◀玫瑰果粉可直接入皂作分層，同時具有去角質的功效，1oz約NT$100元。

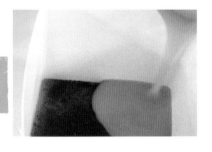

入模

10 倒入剩下的1/3皂液，將玫瑰果粉覆蓋住即可。（最後也可再灑少許玫瑰果粉在皂液上當裝飾）

11 放置約2～3天即可脫模。脫模後，風乾約2～3天可切皂，再放置約3～5星期，完全皂化後即可使用。

娜娜媽小法寶

除了「將添加物加水溶化後，再倒入皂液中攪拌」之外，有些粉類因為顆粒比較細，是可以直接灑在皂液上做分層效果的，如：玫瑰果粉、綠豆粉、可可粉、葡萄籽、綠茶粉。

但是請注意，粉只要灑薄薄一層就好，不要過量，如果粉灑太多，做出來的皂容易斷裂。

此外，粉類添加物最好先用濾網過濾一次，有時候會因為受潮而有結塊的情形，如果你沒有先過濾，可能發生整塊粉掉入皂中的意外喔！

▲作分層皂時，如果粉灑太厚，容易使乳皂裂開。

Honey &
Oats

蜂蜜燕麥乳皂

美白保濕
去角質

因為蜂蜜具有殺菌、保濕的效果,而燕麥可以止癢,所以這款乳皂很適合小朋友使用,不但能夠輕微去角質,又相當溫和不刺激。燕麥一般超市就有賣,通常我會建議先打成粉之後再入皂,最後可加幾片完整的燕麥,做出來的皂會更有手作的質感喔!不過,如果要加入未打碎的燕麥做裝飾,記得必須加以攪拌,讓皂液包覆住燕麥片,不可只是灑在表面,否則之後有可能因為跟空氣接觸,而有發霉的情形。

適合膚質

一般膚質

使用模具

牛奶紙盒

INS硬度

135

material

油脂	extra virgin初榨橄欖油50g(也可用一般的純橄欖油)
	椰子油60g．棕櫚油70g．乳油木果脂70g
	米糠油50g．榛果油50g　(總油重350g)
氫氧化鈉	50g
羊乳冰塊	100g　(可用母乳 / 牛乳 / 水替代)
開水	25g
添加物	蜂蜜5g．燕麥粉5g(粉請過篩)
精油	甜橙精油7g(約140滴)

＊以上材料約可做5塊100g的乳皂,如左圖大小。

準備

打皂

1 將牛奶紙盒開口封好，並從側邊裁切開口（請參考P.55）。

2 將所有的油脂量好，並將乳油木果脂先隔水加熱融解。（冬天時，椰子油與棕櫚油也要先隔水加熱，才會融化。）

3 將步驟2中所有的油脂倒入不鏽鋼鍋中隔水加熱，讓油脂充分混合後備用。

4 羊乳冰塊測量好後，置於不鏽鋼鍋中，將氫氧化鈉分3～4次倒入，並快速攪拌，直到氫氧化鈉完全融解，鹼液即完成。

5 用溫度計分別測量油脂和鹼液的溫度，二者皆在35℃以下，且溫差在10℃之內，即可混合。（乳皂建議溫度在35℃以下，成皂的顏色會比較白皙。）

6 將步驟3的油脂邊攪拌邊倒入步驟4的鹼液中，持續攪拌30～40分鐘。

7 直到皂液變得略稠（在表面畫8可看見淡淡的字體痕跡）。

8 將精油（甜橙7g）倒入皂液中，再攪拌300下。

分層

9 將2/3的皂液先倒入牛奶紙盒中。

10 將25g開水與5g蜂蜜充分調勻後，倒入剩下的1/3皂液中，持續攪拌。

11 直到皂液呈現咖啡色，再加入5g燕麥粉，約攪拌300下。

娜娜媽小法寶

蜂蜜必須先與開水攪拌均勻，入皂後才不會失敗，而且量不能太多，盡量控制在總油重的3％以內，否則皂體結構會比較鬆散，容易產生較大的空隙。

入模

12 攪拌均勻後，將皂液緩緩倒入牛奶紙盒中，速度一定要慢，才不會直接掉到下層。

13 放置約2～3天即可脫模。脫模後，風乾約2～3天可切皂，再放置約3～5星期，完全皂化後即可使用。

皂邊裝飾法

天然的手工乳皂就要長的很 "樸實" 嗎？那可不一定，對娜娜媽來說，這些乳皂就像是一塊塊畫布，任我盡情揮灑，玩出不同的驚喜與創意，只要運用一些小技巧，如：渲染、分層、皂邊的運用等等，就可以讓皂體做出好幾種不一樣的變化喔！

通常切皂、修型時，會切下一些多餘的皂邊，千萬別隨意丟棄，因為這些看似多餘的皂邊，可能就是下次製皂時，讓皂體變得更有特色的大功臣！

▲ 皂邊直接放入皂液中，就是好用的裝飾品。

不論是切片、切條，或是搓成小圓球都可以，既不浪費又能增加變化，實在是非常好用的小道具。

1 片狀皂邊
展現藝術感

2 條狀皂邊
切皂後可有小方塊的效果

3 皂邊搓成小圓球
可加入皂液中，或是放在表面當點綴。

Coffee
Scrub Soap

咖啡去角質皂

徹底潔淨
去除角質

環保再利用的食材,也能用來做皂?沒錯,即使是使用過的咖啡渣,同樣含有油脂與養分,可以被人體吸收,並具有去角質的功用。這款咖啡皂非常適合在夏天使用,洗完後你會覺得身體非常的乾淨,老廢角質都去除掉了,而且因為加入乳油木果脂等滋潤型的油脂,所以不會有洗後乾澀的問題,建議每週使用1~ 2次,進行全身去角質的保養。(目前部份連鎖咖啡店有提供客人取用咖啡渣,請不要使用3合一的即溶咖啡,不但添加奶精等多餘的成分,也失去了去角質的功效。)

適合膚質

中油性

使用模具

牛奶紙盒

INS硬度

142

material		
油脂	extra virgin初榨橄欖油100g（也可用一般的純橄欖油）	
	椰子油65g・棕櫚油65g・開心果油50g	
	乳油木果脂40g・白油30g　（總油重350g）	
氫氧化鈉	51g	
母乳冰塊	128g　（可用牛乳 / 羊乳 / 水替代）	
添加物	咖啡粉渣6g（粉請過篩）	
精油	檸檬精油7g（約140滴）	

＊以上材料約可做6塊80g的乳皂,如左圖大小。

準備

打皂

1　將牛奶紙盒開口封好，並從側邊裁切開口（請參考P.55）。

2　將所有的油脂量好，並將白油跟乳油木果脂先隔水加熱融解。（冬天時，椰子油與棕櫚油也要先隔水加熱，才會融化。）

3　將步驟2中所有的油脂倒入不鏽鋼鍋中隔水加熱，讓油脂充分混合後備用。

4　母乳冰塊測量好後，置於不鏽鋼鍋中，將氫氧化鈉分3～4次倒入，並快速攪拌，直到氫氧化鈉完全融解，鹼液即完成。

5　用溫度計分別測量油脂和鹼液的溫度，二者皆在35℃以下，且溫差在10℃之內，即可混合。（乳皂建議溫度在35℃以下，成皂的顏色會比較白皙。）

6　將步驟3的油脂邊攪拌邊倒入步驟4的鹼液中，持續攪拌30～40分鐘。

7　直到皂液變得略稠（在表面畫8可看見淡淡的字體痕跡）。

分層

8　將1/3的皂液先倒入牛奶紙盒中。

9　再取1/3的皂液，加入6g咖啡渣，攪拌均勻後（約攪拌300下），緩緩倒入牛奶紙盒中。速度一定要慢，才不會直接掉到下層。（如果你覺得6g的咖啡渣太少，請以1g為單位，慢慢增加，不要一次加太多。）

10　最後，將剩下的1/3皂液，緩緩倒進牛奶紙盒裡。

11　可在皂液表面灑上少許的咖啡豆，當做裝飾。

◀咖啡渣到連鎖咖啡店就能免費索取，既省錢又環保。

入模

12　放置約2～3天後脫模。

13　再風乾約2～3天，將皂體以蛋糕切片方式切皂。（請參考P.35）

14　最後風乾約3～5星期，完全皂化後即可使用。

娜娜媽小法寶

除了沐浴皂之外，咖啡也非常適合做成家事皂，用來洗碗、洗衣服，不但清潔力極佳，也不用擔心化學藥劑殘留在碗盤或衣物上。而且一般的化學洗劑雖然洗潔力很強，但是常常洗完之後，會覺得手變粗糙了，甚至造成肌膚乾裂等問題，如果改用手工家事皂，比較不易對雙手造成傷害，可以試著做做看喔！

咖啡家事皂

材料〉

椰子油280g、芥花油70g、咖啡渣15g、氫氧化鈉62g、冰塊155g。

作法〉

做法跟我們前面教的步驟都一樣，先將2種油脂隔水加熱混合，再打一鍋鹼液。然後將油脂邊攪拌邊倒入鹼液中，持續攪拌約30～40分鐘，直到皂液變得濃稠。最後再加入咖啡渣，攪拌約300下，即可入模。

因為家事皂硬度高達218，所以隔天就必須脫模、切皂，如果時間隔太久，可能會因為太硬而無法切皂喔！切皂後，同樣要風乾4～6星期。

Pastel
Pink
Clay

吸附髒污 去除角質

粉紅石泥乳皂

粉紅石泥不但具有去角質的功效，還可以拿來調色用，2～3g的份量可做出淺粉色的皂，如果加越多，皂的顏色就會越深。雖然粉紅石泥會去除老舊角質，但因為配方中加入了甜杏仁油與榛果油，可加強保濕及深層滋潤，所以肌膚不會感到緊繃，洗起來泡沫也很細緻喔！粉紅石泥用量建議不要超過總油重的3%，否則皂液會因為負荷不了過多的粉類添加物，而使皂體結構變得鬆散，舉例來說，配方中若總油重為350g，那粉紅石泥的量就不要超過10g。

適合膚質

中油性

使用模具

牛奶紙盒

INS硬度

140

material

油脂	extra virgin初榨橄欖油100g（也可用一般的純橄欖油）
	椰子油70g‧棕櫚油60g‧甜杏仁油60g
	榛果油60g　（總油重350g）
氫氧化鈉	51g
牛乳冰塊	110g　（可用母乳／羊乳／水替代）
開水	20g
添加物	粉紅石泥3g（粉請過篩）
精油	山雞椒精油7g（約140滴）

＊以上材料約可做5塊100g的乳皂，如左圖大小。

S T E P B Y S T E P ⌄

準備

1 將牛奶紙盒開口封好,並從側邊裁切開口(請參考P.55)。

2 先將所有的油脂量好,倒入不鏽鋼鍋中隔水加熱,讓油脂充分混合後備用。(冬天時,椰子油與棕櫚油要先隔水加熱,才會融化。)

3 牛乳冰塊測量好後,置於不鏽鋼鍋中,將氫氧化鈉分3~4次倒入,並快速攪拌,直到氫氧化鈉完全融解,鹼液即完成。

4 用溫度計分別測量油脂和鹼液的溫度,二者皆在35℃以下,且溫差在10℃之內,即可混合。(乳皂建議溫度在35℃以下,成皂的顏色會比較白皙。)

分層

8 將1/2的皂液先倒入牛奶紙盒中。

9 將20g開水與3g粉紅石泥充分調勻備用。

10 剩下的皂液,再取出2/3,加入步驟9調好的粉紅石泥液,攪拌均勻後倒入牛奶紙盒中,並輕輕在表面攪拌。

打皂

5 將步驟2的油脂邊攪拌邊倒入步驟3的鹼液中,持續攪拌30~40分鐘。

6 直到皂液變得略稠(在表面畫8可看見淡淡的字體痕跡)。

7 將精油(山雞椒7g)倒入皂液中,再攪拌300下。

入模

11 最後將剩下的皂液倒入牛奶紙盒中,放置約2~3天即可脫模。

12 脫模後,風乾約2~3天可切皂,再放置約3~5星期,完全皂化後即可使用。

Part 7

純養護洗髮皂

頭皮髮絲全面保養

瓶瓶罐罐的洗護髮品真的有用嗎？
本單元提供5款調理頭皮的洗髮皂配方，
讓髮絲重獲活力、健康、豐盈！

Camellia Oleifera & Jojoba

活化再生洗髮皂

入門建議

促進循環
毛髮再生

活化再生洗髮皂

親身體驗手工乳皂的好處之後，不只是身體肌膚，連頭皮也應該健康一下。洗髮皂跟沐浴皂作法都一樣，只是配油不同而已，像這款洗髮皂加了苦茶油，有助於促進頭皮血液循環，刺激毛髮生長，再搭配母乳或牛乳入皂，頭髮比較不會有過度乾澀的問題。此外，你會發現幾乎每款洗髮皂都有添加迷迭香精油，那是因為迷迭香可改善落髮問題、修補受損髮絲、減少頭皮屑等等，對頭髮也很好喔！

適合髮質

一般髮質

使用模具

牛奶紙盒

INS硬度

143

material

油脂	椰子油100g‧棕櫚油70g‧蓖麻油50g‧苦茶油80g
	荷荷巴油50g　（總油重350g）
氫氧化鈉	50g
母乳冰塊	125g　（可用牛乳／羊乳／水替代）
添加物	大西洋雪松精油2g（約40滴）‧迷迭香精油5g（約100滴）

＊以上材料約可做5塊100g的乳皂，如左圖大小。

 準備

打皂

1 先將所有的油脂量好,倒入不鏽鋼鍋中隔水加熱,讓油脂充分混合後備用。(冬天時,椰子油與棕櫚油要先隔水加熱,才會融化。)

2 母乳冰塊測量好後,置於不鏽鋼鍋中,將氫氧化鈉分3~4次倒入,並快速攪拌,直到氫氧化鈉完全融解,鹼液即完成。

3 用溫度計分別測量油脂和鹼液的溫度,二者皆在35℃以下,且溫差在10℃之內,即可混合。(乳皂建議溫度在35℃以下,成皂的顏色會比較白皙。)

入模

7 將皂液倒入牛奶紙盒中,並用訂書機封口,放置約2~3天即可脫模。(如果是用母乳製皂,因為皂化溫度較高,所以牛奶紙盒不用封起來,也不用特別保溫。)

8 脫模後,風乾約2~3天可切皂,再放置約3~5星期,完全皂化後即可使用。

4 將步驟1的油脂邊攪拌邊倒入步驟2的鹼液中,持續攪拌30~40分鐘。

5 直到皂液變得略稠(在表面畫8可看見淡淡的字體痕跡)。

6 將精油(大西洋雪松2g、迷迭香5g)倒入皂液中,再攪拌300下。

娜娜媽小法寶

為什麼要自製洗髮皂呢?市售洗髮劑大多含有化學成分,自己製作洗髮皂會比較健康。因為娜娜媽的配方有特別挑選對頭髮有益的油脂(如:荷荷巴油、蓖麻油),不但能夠深層清潔,又不會有化學藥劑殘留的問題,不易堵塞毛囊,可改善落髮現象,讓頭髮更有光澤。

獲益良多的手工皂DIY

因為我們家美眉的關係，讓我接觸到所謂的「母乳皂」。在美眉還沒滿月時，臉上就長滿了痘痘，去給醫生檢查，醫生告訴我：「這是過敏造成的！」由於全餵母奶，無添加任何配方奶，所以醫生囑咐我要戒海鮮、堅果、柑橘類等易引發過敏源之食物，而且如果美眉的皮膚都沒有好轉，可能會變成異位性皮膚炎。

因此，我開始搜尋有關異位性皮膚炎的相關報導，同時也讓我瞭解到**母乳是相當天然珍貴的聖品，它不只帶給寶寶奶粉裡無法提供的營養及免疫力，還可以做成純淨、天然又保濕的母乳皂。**於是，我馬上報名了娜娜媽的手工皂DIY課程，期待給美眉最好的，也希望能改善她的皮膚。

上課當天，實在受益良多，不但學到了母乳皂DIY中每一步驟所需注意的劑量、溫度、時間等技巧，課程結束後，娜娜媽更請我們大家喝下午茶，聊聊上課的心得、分享媽媽經。讓我體會到媽媽的偉大，不管是即將成為人母，或已是好幾個小孩的媽，都是為了要給小孩最好的。

雖然我的第1個手工皂尚在皂化中未能使用，但當我聞到手工皂飄來的薰衣草清香，腦海裡就會浮現當天上課時溫馨和樂的畫面，實在覺得好幸福，期待著我的第一個母乳皂成功，也期待再次與各位媽媽相聚。現在的我每天一定要上網看娜娜媽的部落格，不容錯過最新消息，非常期待娜娜媽的新書出刊喔！

林秋萍

懷孕的時候，剛好看到電視報導關於母乳皂的新聞，覺得很有趣，而且看到很多媽媽分享自己的孩子用了母乳皂後，**皮膚都變好，許多搔癢、異位性皮膚炎等症狀也獲得改善。**

媽媽都想給孩子最天然、最好的，所以我想趁懷孕來學做母乳皂，以後baby就會有用不完的乳皂了！後來上網搜尋了一下，很喜歡娜娜媽的作品，決定約一天下午來跟娜娜媽學做皂。

坊間有很多做皂的課程要8堂或10堂課，看到要上這麼多次課都嚇到了。而娜娜媽則是一對一教學，雖然只上一堂課，卻把多年的做皂經驗完全分享給學生，讓我學到很多精華與小撇步，上過娜娜媽的課之後，我現在也能做得出漂亮又好用的乳皂喔！

曾慶平

Avocado
& Sesame
Seed

芝麻酪梨洗髮皂

深層清潔
修補毛囊

如果你的頭髮容易出油，可以試試這款芝麻酪梨洗髮皂。酪梨油既可深層清潔，又能提供深層滋潤；而芝麻油則是對頭髮跟皮膚都很好，不過香味比較濃，所以通常會再添加檸檬草精油，把芝麻油的味道蓋過去。有些小朋友的頭皮油脂分泌比較旺盛，容易有油臭味，就可以使用這款洗髮皂來改善，但是給小朋友用的洗髮皂，精油添加量建議不要超過總油重的1%。

適合髮質

中油性

使用模具

泡泡頭矽膠模

INS硬度

143

material

油脂	椰子油80g・棕櫚油70g・蓖麻油40g・苦茶油60g
	酪梨油50g・芝麻油50g　（總油重350g）
氫氧化鈉	52g
母乳冰塊	130g　（可用牛乳 / 羊乳 / 水替代）
精油	迷迭香精油2g（約40滴）・檸檬草精油2g（約40滴）

＊以上材料約可做6塊80g的乳皂，如左圖大小。

S T E P   B Y   S T E P ⌄

A.

準備

B.

打皂

1　先將所有的油脂量好，倒入不鏽鋼鍋中隔水加熱，讓油脂充分混合後備用。（冬天時，椰子油與棕櫚油要先隔水加熱，才會融化。）

2　母乳冰塊測量好後，置於不鏽鋼鍋中，將氫氧化鈉分3～4次倒入，並快速攪拌，直到氫氧化鈉完全融解，鹼液即完成。

3　用溫度計分別測量油脂和鹼液的溫度，二者皆在35℃以下，且溫差在10℃之內，即可混合。（乳皂建議溫度在35℃以下，成皂的顏色會比較白皙。）

C.

入模

7　將皂液倒入模具中，放置約2～3天即可脫模。

8　脫模後，再風乾約4～6星期，完全皂化後即可使用。

4　將步驟1的油脂邊攪拌邊倒入步驟2的鹼液中，持續攪拌30～40分鐘。

5　直到皂液變得略稠（在表面8可看見淡淡的字體痕跡）。

6　將精油（迷迭香2g、檸檬草2g）倒入皂液中，再攪拌300下。

娜娜媽小法寶

使用洗髮皂的時候，請先把頭髮打濕，再拿洗髮皂在頭上畫圈起泡。第一次先洗去油脂，建議再洗第二次，頭皮會比較乾淨，但是請務必沖洗乾淨，否則易有黏膩的感覺。有些人會擔心洗髮皂不容易起泡（一般洗髮精會使用起泡劑），但是因為娜娜媽的配方中有添加椰子油與蓖麻油，這兩種油都可以提高起泡度，不但成分天然，洗起來泡泡又很多喔！

母乳是上天給予寶寶的禮物

每位媽媽經歷完生產的過程，首要任務就是母乳大作戰。可能是上天比較眷顧我，加上母親和老公的大力支持，在母乳大作戰中，我算是順利達陣的，除了可以供應Baby的日常需求量外，還可以準備1週的母乳冰棒，捐贈給母乳庫幫助早產及重症的病童，甚至偶爾奢侈一下，拿母乳來做手工皂。

其實我對「做皂」根本是一無所知，也不清楚有何好處和差別？起先只是聽說多的母乳可以做手工皂，直到某天心血來潮上網搜尋「母乳手工皂」，首先映入眼簾的就是「Ena's Soap 娜娜媽媽母乳手工皂花園」的網站，她的品牌故事讓我覺得很窩心，因為媽媽都是本著疼愛孩子的心，用巧手做出好東西給寶貝使用。而且網站上有DIY 的課程，準備工具很簡單，只要一個不鏽鋼鍋、圍裙、和母乳就可以上課去囉！

娜娜媽是位很親切的老師，對初次上課的媽媽們也會耐心說明做皂的步驟和注意事項，並且事先調好配方中的油品，我們只要依據配方比例混合母乳、氫氧化鈉、油品，將它們充分打勻，再加入精油就可以啦！步驟雖簡單，但是過程卻是溫馨和令人期待的，媽媽們都帶著寶貝自己孩子的心情在打皂，希望能夠照顧家人的肌膚，免除孩子異位性皮膚炎的痛癢，減少受到化學物品的刺激和侵害。

因為**母乳富含油脂和養份，用來做手工皂可提高皂品對肌膚的保溼度和滋潤度**，每每做好一鍋皂，將它注入事先準備好的牛奶紙盒，就是期待的開始，期待它凝固成皂、期待將它脫模、期待脫模脫得美美地、期待能切得整整齊齊，更期待1個月後，這手工母乳皂用水沖刷時的細緻泡沫，能為我們洗滌髒污。

娜娜媽設計了各種不同配方的**手工母乳皂、家事皂、洗髮皂**，所以每次上起課來都覺得新鮮有趣。天然油品、冷製手法，再加上純正的精油，讓這珍貴的手工母乳皂，可以用在家裡每個需要它的地方，同時也代表著對家人滿滿的關愛。

Janice Lai

Polygoni
Multiflori
Radix

何首烏滋養洗髮皂

自古以來，何首烏被認為具有讓頭髮返黑的效果，搭配對頭髮有益的苦茶油與荷荷巴油，不但能夠使頭皮更加健康，同時也可提高保濕度。另外像精油的部份，往往在洗髮皂中也扮演了重要的角色，比方說大西洋雪松與迷迭香精油可改善落髮問題，促進頭髮生長，所以如果有添加精油，洗髮皂對頭皮的養護效果會更好。

適合髮質
──────────

一般髮質

使用模具
──────────

牛奶紙盒

INS硬度
──────────

133

material

油脂	椰子油80g・棕櫚油70g・蓖麻油50g・荷荷巴油40g
	苦茶油60g・芝麻油50g　（總油重350g）
氫氧化鈉	49g
母乳冰塊	126g　（可用牛乳 / 羊乳 / 水替代）
添加物	何首烏粉5g（粉請過篩）
精油	大西洋雪松精油5g（約100滴）
	迷迭香精油2g（約40滴）

＊以上材料約可做5塊100g的乳皂，如左圖大小。

STEP BY STEP ⌄

A. 準備

1. 將牛奶紙盒開口封好,並從側邊裁切開口(請參考P.55)。
2. 5g何首烏粉過篩備用(因為蓖麻油入皂後,會加速皂化,所以粉類添加物最好先調勻備用)。
3. 先將所有的油脂量好,倒入不鏽鋼鍋中隔水加熱,讓油脂充分混合後備用。(冬天時,椰子油與棕櫚油要先隔水加熱,才會融化。)
4. 母乳冰塊測量好後,置於不鏽鋼鍋中,將氫氧化鈉分3〜4次倒入,並快速攪拌,直到氫氧化鈉完全融解,鹼液即完成。
5. 用溫度計分別測量油脂和鹼液的溫度,二者皆在35℃以下,且溫差在10℃之內,即可混合。(乳皂建議溫度在35℃以下,成皂的顏色會比較白皙。)

▶ 何首烏粉常用來製作洗髮品,改善白髮問題,100g約NT$100元。

B. 打皂

6. 將步驟3的油脂邊攪拌邊倒入步驟4的鹼液中,持續攪拌30〜40分鐘。
7. 直到皂液變得略稠(在表面畫8可看見淡淡的字體痕跡)。
8. 將精油(大西洋雪松5g、迷迭香2g)倒入皂液中,再攪拌300下。

C. 渲染

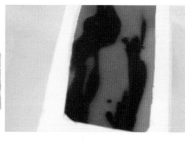

9. 將2/3的皂液倒入牛奶紙盒中。
10. 將步驟2中過篩的何首烏粉,倒入剩下的1/3皂液中,攪拌均勻。
11. 再將何首烏皂液以畫直線的方式,緩緩倒入牛奶紙盒中。
12. 輕敲紙盒(約30下),讓何首烏皂液往下沉,然後用攪拌棒稍微攪拌一下。

入模

13 放置約2～3天即可脫模。脫模後，風乾約2～3天再切皂。

14 最後風乾約3～5星期，完全皂化後即可使用。

娜娜媽小法寶

因為我們所使用的洗髮劑中，成分大多含有矽靈，會讓髮絲比較柔順。一旦改用自製的洗髮皂，剛開始可能會不太習慣，有些人會覺得洗不乾淨，或是洗後頭髮乾澀，甚至會有頭皮屑、掉頭髮的情形（每個人出現的症狀不同），但是千萬不要因為這樣，就停止使用喔！

這只是頭皮調理過程中的過渡期，持續使用2～3週之後，你會發現每次洗完頭，感覺是非常清爽乾淨的。不過，因為不含矽靈，深層清潔後髮絲可能會乾澀，建議你可以自製潤絲（請參考P.150）或護髮餅（請參考P.147），就能恢復柔順又保有健康喔！

Cola Nut
& Nettle

豐富營養 改善掉髮

榛果雙效洗髮皂

這款皂最大的特色就是添加2種植物研磨粉（可樂果粉、蕁麻葉粉），當中所含的精氨酸可加速蛋白形成，提供頭髮豐富的營養，有助於改善落髮問題，並促進頭髮增生。不過，因為蓖麻油入皂後，會加速皂化，所以建議開始打皂前，先將粉類過篩後備用，以免拖延到之後入模的時間。

適合髮質

中乾性

使用模具

牛奶紙盒

INS硬度

137

▲ 可樂果粉（棕）50g約NT$160元；
蕁麻葉粉（綠）50g約NT$170元。

material

油脂	椰子油80g‧棕櫚油70g‧蓖麻油40g‧苦茶油70g
	荷荷巴油30g‧榛果油60g　（總油重350g）
氫氧化鈉	50g
牛乳冰塊	130g　（可用母乳／羊乳／水替代）
添加物	可樂果粉5g‧蕁麻葉粉5g（粉請過篩）
精油	大西洋雪松精油5g（約100滴）
	茶樹精油2g（約40滴）‧薰衣草精油2g（約40滴）

＊以上材料約可做5塊100g的乳皂，如左圖大小。

準備

打皂

1 將牛奶紙盒開口封好，並從側邊裁切開口（請參考P.55）。

2 先將所有的油脂量好，倒入不鏽鋼鍋中隔水加熱，讓油脂充分混合後備用。（冬天時，椰子油與棕櫚油要先隔水加熱，才會融化。）

3 牛乳冰塊測量好後，置於不鏽鋼鍋中，將氫氧化鈉分3～4次倒入，並快速攪拌，直到氫氧化鈉完全融解，鹼液即完成。

4 用溫度計分別測量油脂和鹼液的溫度，二者皆在35℃以下，且溫差在10℃之內，即可混合。（乳皂建議溫度在35℃以下，成皂的顏色會比較白皙。）

5 將步驟4的油脂邊攪拌邊倒入步驟5的鹼液中，持續攪拌30～40分鐘。

6 直到皂液變得略稠（在表面畫8可看見淡淡的字體痕跡）。

7 將精油（大西洋雪松5g、茶樹2g、薰衣草2g）倒入皂液中，再攪拌300下。

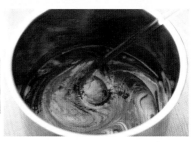

分層

8 將1/3的皂液先倒入牛奶紙盒中，當作第1層分層。

9 再取1/3皂液，加入過篩好的可樂果粉，攪拌均勻，直到皂液呈現咖啡色後，緩緩倒入牛奶紙盒中，當作第2層分層。

10 最後將剩下的1/3皂液，加入過篩調好的蕁麻葉粉，攪拌均勻，直到皂液呈現綠色後，緩緩倒入牛奶紙盒中，當作第3層分層。

D.

入模

13 放置約2～3天即可脫模。脫模後，風乾約2～3天可切皂，再放置約3～5星期，完全皂化後即可使用。

娜娜媽小法寶

除了洗髮皂之外，娜娜媽還要教你做護髮餅喔～不但做法非常簡單，而且只須利用手的溫度，搓一搓護髮餅，將油脂均勻塗抹在髮尾，就能改善頭髮乾澀的問題！（請於乾髮時使用，而且不可抹頭皮，份量也不要太多，否則容易變得油膩）

荷荷巴滋養護髮餅

材料〉

荷荷巴油15g、苦茶油15g、蜜蠟30g、乳油木果脂30g、迷迭香精油1g、大西洋雪松精油1g。（油品、蜜蠟、乳油木果脂的比例為1：1：1）

作法〉

1 將荷荷巴油、苦茶油、蜜蠟、乳油木果脂倒進鍋中，以小火隔水加熱，一邊加熱一邊攪拌。

2 等所有的材料都融在一起，顏色變清澈之後，加入精油（迷迭香、大西洋雪松），攪拌約30～50下。

3 攪拌後請盡快入模，否則會凝固。靜置約30分鐘後脫模，即可使用。

▶因為份量不多，所以模具不要太大，以免殘留過多在模具上。但請勿使用布丁杯，比較不好脫模。

Mint
& Rosemary
Soap

薄荷迷迭香洗髮皂

保濕清爽
增進光澤

這款洗髮皂因為添加薄荷精油,所以洗起來會有點涼涼的,可促進血液循環,而且搭配高滋潤度的乳油木果脂與開心果油,不用擔心洗後會過於乾澀,保濕度也高,特別適合頭髮乾燥的人。此外,配方中特別採用迷迭香浸泡油與迷迭香精油,雙重加強它的效果,但如果你沒有時間做浸泡油,也可以購買迷迭香粉,直接加入橄欖油中攪拌均勻備用。

適合髮質

中乾性

使用模具

牛奶紙盒

INS硬度

151

油脂	迷迭香浸泡橄欖油60g・椰子油90g・棕櫚油70g
	蓖麻油50g・乳油木果脂40g
	開心果油40g （總油重350g）
氫氧化鈉	52g
母乳冰塊	130g （可用牛乳 / 羊乳 / 水替代）
添加物	乾燥迷迭香2g
精油	迷迭香精油5g（約100滴）・薄荷精油2g（約60滴）

＊以上材料約可做5塊100g的乳皂,如左圖大小。

STEP BY STEP ⌄

準備

1 提前1個月,準備好迷迭香浸泡油。(作法請參見P.47)

2 將牛奶紙盒開口封好,並從側邊裁切開口(請參考P.55)。

3 將所有的油脂量好,並將乳油木果脂先隔水加熱融解。(冬天時,椰子油與棕櫚油也要先隔水加熱,才會融化。)

4 將步驟3中所有的油脂倒入不鏽鋼鍋中隔水加熱,讓油脂充分混合後備用。

5 母乳冰塊測量好後,置於不鏽鋼鍋中,將氫氧化鈉分3~4次倒入,快速攪拌,直到氫氧化鈉完全融解,鹼液即完成。

6 用溫度計分別測量油脂和鹼液的溫度,二者皆在35℃以下,且溫差在10℃之內,即可混合。(乳皂建議溫度在35℃以下,成皂的顏色會比較白皙。)

入模

10 將皂液倒入牛奶紙盒中,並在表面灑上乾燥迷迭香(2g)做裝飾。

11 約2~3天即可脫模。脫模後,風乾約2~3天可切皂,再放置約3~5星期,完全皂化後即可使用。

打皂

7 將步驟4的油脂邊攪拌邊倒入步驟5的鹼液中,持續攪拌30~40分鐘。

8 直到皂液變得略稠(在表面畫8可看見淡淡的字體痕跡)。

9 將精油(迷迭香5g、薄荷2g)倒入皂液中,再攪拌300下。

娜娜媽小法寶

若有髮絲乾澀的問題,只要將蘋果醋或白醋,加溫水調勻(醋與水的比例為1:10),如果你不喜歡醋的味道,也可以購買檸檬酸(無色無味,手工皂專賣店或化工行有賣),加水調1:1000的比例(1g檸檬酸＋1000g水),洗髮後倒在頭髮上,就有潤絲的效果。此外,荷荷巴油是簡單又好用的護髮油,頭髮吹乾後,在手上倒2~3滴,平均塗抹在髮尾(請勿抹在頭皮,否則容易出油),即可改善髮絲糾結毛躁的問題。

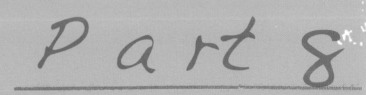

Part 8

娜娜媽私房皂方

最愛油品技巧大公開

在新增訂版中，娜娜媽特別想跟大家分享5款
我自己愛用的油品皂方，讓你輕鬆掌握成功做出
「無添加、純天然、保養級乳香皂」的關鍵！

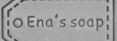

Avocado
Marseille

72%酪梨馬賽皂

入門建議

清爽溫潤 全身適用

傳統的馬賽皂是72%的橄欖油加上棕櫚油和椰子油，適合容易乾癢的肌膚。然而，這款72%酪梨馬賽皂，洗感比傳統馬賽皂更清爽溫潤，適合中性肌膚；酪梨油是我最近超愛使用的油品，不但單品油就可以有很好的起泡度，而且洗完不乾澀，非常舒服。酪梨油含有69%的油酸和10%亞麻油酸還有植物油中少見的棕櫚油烯酸，增加了該油的延展性，特別適合敏感肌膚和嬰幼兒與老年人。另外酪梨油有15%的飽和脂肪酸，所以成皂後，建議使用過後，裝皂袋吊起晾乾就不容易軟爛喔！這款皂，我搭配的是「Miaroma環保香氛」可以蓋掉酪梨油的特殊油味，更顯清新。

適合膚質

中乾性

使用模具

牛奶紙盒

INS硬度

128

material

油脂	酪梨油 252g・棕櫚油 49g・
	椰子油 49g （總油重350g）
氫氧化鈉	50g
牛乳冰塊	115g （水50g*2.3倍）
添加物	Miaroma 環保香氛──草本複方 7g （約140滴）

＊以上材料約可做5塊100g的乳皂，如左圖大小。

S T E P B Y S T E P ⌄

準備

打皂

1　先將所有的油脂量好，讓油脂充分混合後備用。（冬天時，椰子油與棕櫚油要先隔水加熱，才會融化。）再倒入酪梨油中。

2　將牛乳115g製成冰塊，置於不鏽鋼鍋中，將氫氧化鈉分3～4次倒入，並快速攪拌，直到氫氧化鈉完全融解，鹼液即完成。

3　用溫度計分別測量油脂和鹼液的溫度，二者皆在35℃以下，且溫差在10℃之內，即可混合。（乳皂建議溫度在35℃以下，成皂的顏色會比較白皙。）

4　將步驟2的油脂邊攪拌邊倒入步驟3的鹼液中，先用手打20～30分鐘。前面15分鐘打均勻後可以稍作休息，再持續攪拌10分鐘。

5　直到皂液呈現微微的濃稠狀，試著在皂液表面畫8，若可看見字體痕跡，代表濃稠度已達標準。

6　將精油（草本複方7g）倒入皂液中，再攪拌300下。

入模

7　將皂液倒入皂模中，並用釘書機封口，放置約2天即可脫模。

8　脫模後，並以線刀切皂，再風乾約4～6星期，完全皂化後即可使用。

娜娜媽小法寶

1. 此款皂使用時，可以先從手臂內側先試洗，沒過敏跡象再大面積使用喔！

2. 如果使用「己精製酪梨油」手打時間可能要一小時；所以，我都建議用「未精緻酪梨油」；未精製酪梨油有著天然的美麗綠色，但是很容易褪色。可以加母乳或是少許蜂蜜，會有定色效果。提醒大家，自製的手工皂若褪色是正常現象！

▲ 可以在打皂時，加上少許蜂蜜定色。事先將蜂蜜加水調勻，比較容易散開，入皂後也要盡量攪拌均勻，否則容易失敗喔！

3. 這款皂手打的時間大約需20～25分鐘，約2天後即可以進行切皂，建議使用線刀；或倒入單模。冬天建議切完放回保麗龍箱保溫，防止白粉產生，3天後即可拿出風乾。

乳牛模具

口金包模具

切皂線刀

▲用線刀切或入模較不會傷害皂體。

乳油木米糠乳皂

極潤保濕 呵護肌膚

乳油木也是我很常用的油脂類之一，它具有40％～55％的油酸，所以保溼性佳，也有很棒的修護效果。另外，乳油木果脂含有35％～45%的硬脂酸，所以可以提供成皂後的硬度，建議製作高比例的乳油木手工皂，要用單模入皂；否則，容易因為硬度太硬，一切就裂開喔！而米糠油能提供肌膚豐富的維他命E、質地細緻分子小，容易滲透到皮膚中，能供給肌膚水分及營養。因此，這一款皂非常適合乾燥肌膚，乾癢症的人或是老年人及嬰幼兒使用。我喜歡添加「Miaroma環保香氛─清新精粹」，聞起來的味道，很像剛洗完澡塗抹在身上的痱子粉香氣，甜甜的很舒服！

適合膚質

乾性

使用模具

牛奶紙盒

INS硬度

107

material		
油脂	乳油木果脂 210g、米糠油 70g、	
	澳洲胡桃油 70g （總油重350g）	
氫氧化鈉	46g	
母乳冰塊	106g（水46g*2.3倍）	
精油	Miaroma 環保香氛─清新精粹 7g（約140滴）	

＊以上材料約可做6塊80g的乳皂，如左圖大小。

＊此款皂建議單模入模，不然切皂容易裂。

A.

準備

B.

打皂

1 先將所有的油脂量好，倒入不鏽鋼鍋中隔水加熱，讓油脂充分混合後備用。（冬天時，加乳油木果脂要先隔水加熱，才會融化。）

2 將測量好的母乳製作成冰塊備用。

3 將母乳冰倒入不鏽鋼鍋，再將氫氧化鈉分3～4次倒入（每次約間隔30秒），同時需快速攪拌，讓氫氧化納完全融解，鹼液即完成。

4 用溫度計分別測量油脂和鹼液的溫度，二者皆在35℃以下，且溫差在10℃之內，即可混合。（乳皂建議溫度在35℃以下，成皂的顏色會比較白皙。）

5 將步驟2的油脂邊攪拌邊倒入步驟4的鹼液中。先手打15分鐘後，可以稍作休息，再持續攪拌20～30分鐘。

6 直到皂液呈現微微的濃稠狀，試著在皂液表面畫8，若可看見淡淡的字體痕跡，代表濃稠度已達標準。

7 將精油（清新精粹7g）倒入皂液中，再攪拌300下。

C.

入模

8 將皂液倒入模具中，放置約2天即可脫模。

9 脫模後，再風乾約30～60天，完全皂化後即可使用。

* 冬天時，建議脫模後再放回保麗龍箱保溫，防止白粉產生。3天後可拿出來風乾晾皂。

娜娜媽小法寶

此款皂的打皂時間約20～40分鐘，每個人打皂的力道不一樣，還有材料商的來源不一樣也會影響打皂的時間，所以要隨時注意皂液的濃稠狀。此款成皂硬度高，建議用單模製作。

硬度高的配方，建議倒入單模

一般來說，當手工皂配方中，含有高比例的乳油木果脂或棕櫚油等硬油時，成皂後硬度較高，一旦脫模往往會造成一切就碎的問題！因此，我建議這款皂最好使用單顆、矽膠模具，容易脫模，較不會傷害皂體。

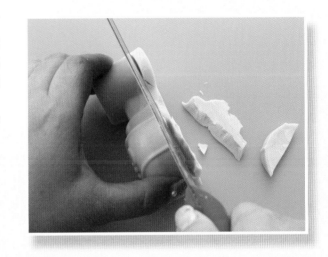

▶硬度高的手工皂，容易一切就碎。

▲用乳油木果脂，可做出質地較硬的手工皂。

▲棕櫚油，使用的比例越高，成品硬度越高。

Pacific Blue
Liquid Soap

起泡度佳，
清爽不乾澀

海水正藍洗手皂

這款皂主要使用50%的椰子油，具有很棒的起泡力、清潔力強；此外，洗手皂使用的次數，比一般洗臉或是洗身體來的多，所以加上30%的棕櫚油，可以改善肥皂容易溶化的缺點；另外加上20%的芥花油，讓洗後不乾澀。皂體的顏色來源，是以「藍色食用色素」並搭配薄荷精油，清爽的海水藍色調，沁涼香氛，連小朋友都會愛上洗手喔！

適合膚質
———
一般膚質

使用模具
———
方形矽膠模具

INS硬度
———
184

material

油脂	椰子油 350g、棕櫚油 210g、 芥花油 140g （總油重700g）
氫氧化鈉	115g
水	264g （水50g*2.3倍）
添加物	胡椒薄荷精油7g（約140滴）、藍色色液每層4滴

＊以上材料約可做10塊100g的洗手皂，如左圖大小。

A.

準備

1 先將水分量好,製成冰塊備用。

2 將所有油脂量好,(冬天時,椰子油和棕櫚油要先隔水加熱溶化),再與芥花油一起倒入不鏽鋼鍋中隔水加熱,讓油脂充分混和均勻後備用。

3 將冰塊倒入不鏽鋼鍋,再將氫氧化鈉分3〜4次倒入(每次約間隔30秒),同時需快速攪拌,讓氫氧化納完全融解,鹼液即完成。

4 用溫度計分別測量油脂和鹼液的溫度,二者皆在35℃以下,且溫差在10℃之內,即可混合。

娜娜媽小法寶

若不調色可用單模,不一定要切皂;若要蓋皂章可以8小時後切皂,即可蓋皂章。

B.

打皂

5 將步驟2的油脂邊攪拌邊倒入步驟3的鹼液中。

6 先手打10分鐘後。直到皂液呈現微微的濃稠狀,試著在皂液表面畫8,若可看見淡淡的字體痕跡,代表濃稠度已達標準。(皂液打太久、太稠就不好做變化!)

7 將胡椒薄荷精油倒入皂液中,放慢速度再攪拌300下。

C.

漸層

8 將皂液留200g原色入模備用。

9 剩下800g皂液,分成6份約130g。

10 在每130g的皂液裡滴入4滴藍色色水,倒入其中3/4藍色皂液,留下1/4基底,再倒入4滴藍色色液,留待下一層使用。以此類推即可。

入模

11 將皂液分層倒入模具中，放置約8～12小時即可脫模，以線刀切皂。

12 再風乾約30～60天，完全皂化後即可使用。

＊ 冬天建議，脫模後再放回保麗龍箱保溫，防止白粉產生。3天後可拿出風乾晾皂。

海水正藍皂的漸層技法

過去，漸層皂強調一層一層顏色很明顯。這次要教大家內斂、有氣質的漸層手法，分層線條模糊不清，做法很簡單，可讓皂體看起來更細緻、賞心悅目喔！

▲打好皂後先將200g放入方形皂模，備用。

▲剩下800g皂液，分成6份各約130g。要注意，皂液不可以太濃稠,否則無法出現漂亮的分層。

▲在第1層130g的皂液裡，滴入4滴藍色液後，攪拌均勻，沿著皂模邊緣慢慢倒入，可以將皂模一側，墊一枝筆方便皂液流動。不要全部倒完，要留1/4。

▲第2層130g皂液，滴入4滴藍色色液，以此類推……，建議藍色色液要同比例增加，才不會色差太明顯喔。

▲最後，只要輕敲皂模，讓氣泡跑出來，使皂液平均，即可放入保溫。

Apricot &
Camellia

杏桃茶花保溼乳皂

**愛用油NO.1
細緻柔膚**

杏桃核仁油是娜娜媽最愛的油品第一名,不但起泡度高,泡泡綿密又持久;搭配山茶花油,保溼洗感立刻提升!此外,這款皂搭配的乳油木果脂,也是我的常備油脂,有很好的滋潤修護功能,同時提供皂體很棒的硬度;使用完皂不會很容易軟爛,適度添加棕櫚油,也可以增加肥皂的耐洗度。配方中加入粉紅石泥作簡單的渲染,讓整塊皂看起來更有質感。

適合膚質

一般膚質

使用模具

牛奶紙盒

INS硬度

112

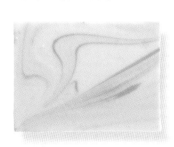

這一款搭配的是「Miaroma環保香氛——薔薇之戀」淡淡的甜酸果香味,讓洗澡也能沉浸在浪漫的高級享受中!

material		
油脂	杏桃核仁油 210g、山茶花油210g、乳油木果脂140g、棕櫚油140g （總油重700g）	
氫氧化鈉	95g	
牛乳冰塊	218g（水95g*2.3倍）	
添加物	淺粉紅石泥3～7公g（依個人喜好調整克數）（粉請過篩）	
精油	Miaroma 環保香氛——薔薇之戀 14g（約280滴）	

＊打皂時間1小時。

準備

打皂

1 先將所有的油脂量好，倒入不鏽鋼鍋中隔水加熱，讓油脂充分混合後備用。（冬天時，加乳油木果脂要先隔水加熱，才會融化。）

2 將牛乳218g製成冰塊，置於不鏽鋼鍋中，將氫氧化鈉分3～4次倒入，並快速攪拌，直到氫氧化鈉完全融解，鹼液即完成。

3 用溫度計分別測量油脂和鹼液的溫度，二者皆在35℃以下，且溫差在10℃之內，即可混合。
（乳皂建議溫度在 35℃ 以下，成皂的顏色會比較白皙。）

4 將步驟2的油脂邊攪拌邊倒入步驟3的鹼液中，先用手打60分鐘。

5 直到皂液呈現微微的濃稠狀，試著在皂液表面畫8，若可看見字體痕跡，代表濃稠度已達標準。表示可以開始作渲染的準備。

6 將精油（薔薇之戀14g）倒入皂液中，再攪拌300下。

渲染

7 將原色皂液100g倒入量杯。

8 將粉紅石泥過篩後，拌入有100g皂液量杯裡，輕輕拌均後。

9 再倒入300g原色皂液一起拌均勻，準備渲染。

10 先將剩餘600g原色皂液倒入渲染模裡，將粉色皂液倒入2條，後用叉子畫橫向後，再畫直向，再從頭畫S曲線即完成。

D.

入模

11 放置約2天即可脫模。

12 脫模後,並以線刀切皂,再風乾約4～6
星期,完全皂化後即可使用。

娜娜媽小法寶

一般來說,我都建議皂液入模後,放置2～3天再脫模切皂,太快切皂反
而會產生皂粉,影響美觀。切完皂後,記得再放回保麗龍箱保溫,防止
產生皂粉喔!

▲太快切皂易產生皂粉,會影響外觀。

▲漂亮的皂體,外表沒有脆裂和皂粉。

Red Latania &
Apricot Kemel Oil

紅棕杏桃修護皂

**潔膚抗氧
修護美肌**

這款皂是以杏桃核仁油搭配未精製紅棕櫚果油製成，不但有很多的營養素、且富含維生素E及胡蘿蔔素，可抗氧化及很棒的修護效果。其中，胡蘿蔔素成皂，會呈現美麗的橘色，也是很多皂友很喜歡使用的原因。

未精製紅棕櫚果油，是由棕櫚樹的果實壓榨出的油脂，「不皂化物」比較多，所以皂化速度會因沉澱物的多寡，而影響打皂的時間；一般來説，手打的時間有從3分鐘到30分鐘都有，所以配方中含有紅棕櫚油時，建議要將油品搖均勻，或是倒出來融成透明狀再開始打皂。這一款，我搭配的是「Miaroma 環保香氛——白柚精粹」是很舒服的柑橘香氛！

適合膚質

一般膚質

使用模具

造型模具

INS硬度

107

---

material

油脂	杏桃核仁油490g、未精緻紅棕櫚油210g（總油重700g）
氫氧化鈉	96g
牛乳冰塊	220g （水50g*2.3倍）
精油	Miaroma 環保香氛——白柚精粹14g（約280滴）

＊以上材料約可做10塊80g的乳皂，如左圖大小。

A.
準備

B.
打皂

1　先將115g的牛乳製成冰塊備用。

2　將所有油脂倒入不鏽鋼鍋中隔水加熱，讓油脂充分混和均勻後備用。（冬天時，椰子油與棕櫚油要先隔水加熱，才會融化。）

3　將牛乳冰塊倒入不鏽鋼鍋，再將氫氧化鈉分3～4次倒入（每次約間隔30秒），同時需快速攪拌，讓氫氧化鈉完全融解，鹼液即完成。

4　用溫度計分別測量油脂和鹼液的溫度，二者皆在35℃以下，且溫差在10℃之內，即可混合。
　（乳皂建議溫度在35℃以下，成皂的顏色會比較白皙。）

5　將步驟2的油脂邊攪拌邊倒入步驟3的鹼液中。先手打15分鐘後，可以稍作休息，再持續攪拌10分鐘。

6　直到皂液呈現微微的濃稠狀，試著在皂液表面畫8，若可看見淡淡的字體痕跡，代表濃稠度已達標準。

7　將精油（白柚精粹7g）倒入皂液中，再攪拌300下。

C.
入模

8　將皂液倒入模具中，放置約2天即可脫模。

9　脫模後，再風乾約30～60天，完全皂化後即可使用。

娜娜媽小法寶

1. 這款皂的手打時間大約需3至30分鐘（依據不同廠牌品、及個人手打的力量而不同），約2天後即可以進行脫模。

2. 特別注意！這個配方成皂後很硬，請用單模製作喔。冬天脫模後，放回保麗龍箱保溫，防止白粉產生，3天即可拿出風乾即可。

3. 未精製紅棕櫚油有天然的橘色，只要是天然原色都很容易褪色，可以加母乳／牛乳或是蜂蜜，就會有定色的作用，所以肥皂若褪色是自然的喔。

◀也會呈現這樣白色斑點或是褪到淺橘色都有可能喔！

簡易包裝
完成圖

appendix

附 錄
超人氣包裝術
簡易DIY

如果你覺得手工乳皂用起來非常滋潤，
就介紹給親朋好友使用吧！
娜娜媽教大家幾種簡易的包裝方法，
馬上讓整體質感升級，送人完全不失禮喔！

簡易包裝
款式 **A**

▲ 材料：瓦楞紙、烘培用蕾絲紙、花紋膠帶、緞帶

裁切適當尺寸的瓦楞紙，寬度約比肥皂大一些，長度約能繞肥皂1圈半。

在瓦楞紙內側貼上雙面膠，將肥皂包覆起來後固定。

將蕾絲紙裁切為兩半。

蕾絲紙兩側貼上雙面膠後往內摺，黏貼在瓦楞紙內側。

在底部貼上有花紋的膠帶做點綴。

可貼上自己喜歡的貼紙。

最後繫上緞帶即完成。

簡易包裝

款式 B

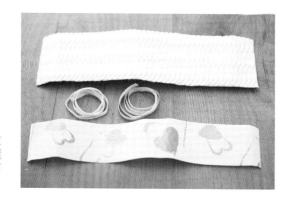

▶ 材料：瓦楞紙、花紋紙、兩色緞帶（建議選擇跟肥皂同色系，或可互相搭配的顏色）

裁切適當尺寸的瓦楞紙，寬度約比肥皂大一些，長度約能繞肥皂1圈半。

在瓦楞紙內側貼上雙面膠，將肥皂包覆起來後固定。

挑選有花紋的紙，裁切成適當尺寸，寬度須小於瓦楞紙，長度約能繞肥皂1圈。

將花紋紙黏貼固定。

最後繫上兩色緞帶即完成。

簡易包裝

款式 C

▶ 材料：透明塑膠袋、緞帶、麻繩、烘培用蕾絲紙

將蕾絲紙裁切為兩半。

蕾絲紙兩側貼上雙面膠後，往內摺黏貼在肥皂上。

可貼上自己喜歡的貼紙。

放入透明袋中。

最後繫上緞帶與麻繩即完成。

可在袋子表面蓋上橡皮章。

如果你有現成的麻布袋，只要繫上麻繩，就非常有手工皂的質感喔！

肥皂放入後，繫上麻繩即可。

禮盒包裝 款式A

▶ **材料：**紙盒、紙繩、立體貼紙、細紙條

1 在紙盒裡鋪上細紙條。

2 放入肥皂。

3 將立體貼紙貼在想要的位置。

4 繫上紙繩後即完成。

禮盒包裝 款式B

1 在紙盒裡鋪上細紙條。

2 放入肥皂。

▲ **材料：**紙盒、麻繩、小貼紙、蕾絲緞帶、細紙條

173

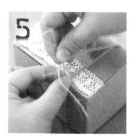

將緞帶放在想要的位置。

緞帶兩側貼上雙面膠，固定在盒蓋內側。

麻繩繞幾圈後打結固定。

在打結處貼上貼紙即完成。

▶ **材料**：紙盒、麻繩、小卡片、烘培用蕾絲紙、細紙條

在紙盒裡鋪上細紙條。

禮品包裝完成圖

放入肥皂。

將蕾絲紙鋪在盒蓋上。

用麻繩採十字綁法，在盒蓋上方打蝴蝶結固定。

將小卡片修剪成想要的大小。

以竹籤或打洞器在卡片上戳洞。

將其中一端的繩子穿過卡片後，打結固定即完成。

一起來喇皂！貼心 3 大服務

手工皂材料

各式油品／Miaroma環保香氛代理／單方精油手工皂＆液體皂材料包、工具。

客製化代製

代製專屬母乳皂／手工皂／婚禮小物／彌月禮工商贈品。

DIY 手工皂課程

基礎課／進階課／手工皂證書班／渲染皂／分層皂／捲捲皂／蛋糕皂液體皂。

娜娜媽媽皂花園

購物車：www.shop2000.com.tw/enasoap
地　址：新北市新店區北新路2段196巷9號1樓
　　　　（近捷運新店線七張站）
電　話：0922-65-9988
信　箱：enasoap@gmail.com

玩風格系列 20

100%保養級！
娜娜媽 乳香皂
暢銷 增訂版

國家圖書館出版品預行編目(CIP)資料

100%保養級！娜娜媽乳香皂 / 娜娜媽作.
—初版. —新北市：蘋果屋，檸檬樹，2016.02
　面；　公分. —（玩風格系列；20）
ISBN 978-986-92242-8-4（平裝）
1.手工皂　2.居家生活

466.4　　　　　　　　　　104027122

作　　　　者　娜娜媽
攝　　　　影　廖家威・王正毅
執 行 編 輯　陳宜鈴
封 面 內 頁 設 計　莊勻青・行者創意
插　　　　畫　櫻桃麻　行者創意

出　　版　　者　蘋果屋出版社有限公司
　　　　　　　台灣廣廈有聲圖書有限公司
發　　行　　人　江媛珍
地　　　　址　新北市235中和區中山路二段359巷7號2樓
電　　　　話　02-2225-5777
傳　　　　真　02-2225-8052

行企研發中心
總　　　　監　陳冠蒨
整 合 行 銷 組　陳宜鈴
媒 體 公 關 組　徐毓庭
綜 合 業 務 組　何欣穎

製版・印刷・裝訂　皇甫彩藝印刷股份有限公司
法 律 顧 問　第一國際法律事務所　余淑杏律師
　　　　　　　北辰著作權事務所　蕭雄淋律師

代理印務及全球總經銷　知遠文化事業有限公司
地　　址：新北市222深坑區北深路三段155巷25號5樓
電　　話：02-2664-8800
傳　　真：02-2664-8801
網　　址：www.booknews.com.tw 博訊書網

ＩＳＢＮ：9789869224284
定　　價：350元
出版日期：2016年02月
初版10刷：2020年11月
訂購專線：02-2664-8800 轉17~19